28款经典配方的中药手工皂

范孟竹
张淑惠 著

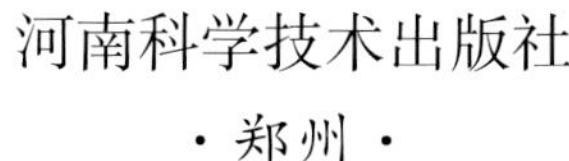

河南科学技术出版社
·郑州·

【目录】

工具和材料

〔工具〕

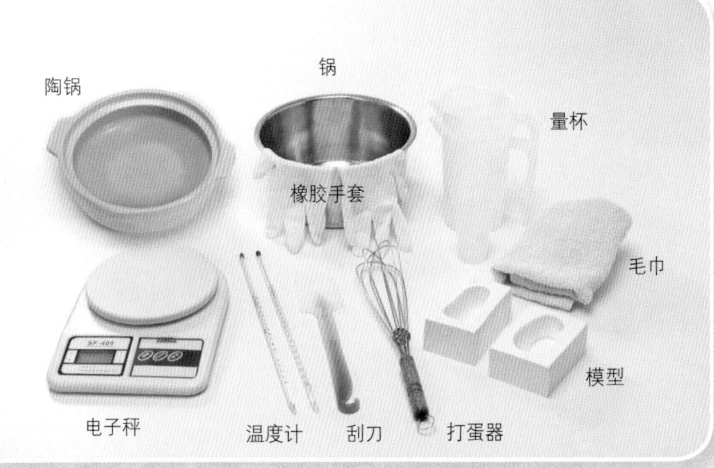

硅胶模A(星座模型)

硅胶模B(星座模型)

修皂器

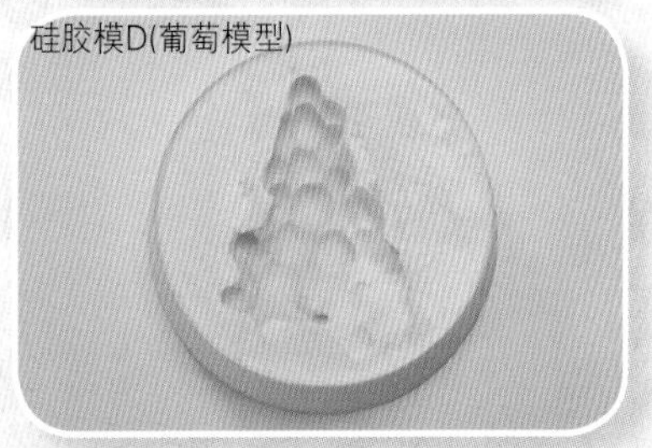
硅胶模D(葡萄模型)

硅胶模C

(万圣节系列)

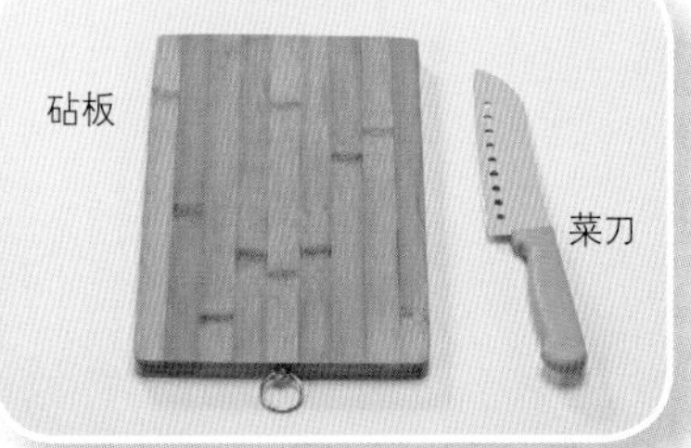

工具说明

陶锅：煎煮药材的最佳容器，药汁也不易变质。

修皂器：每块皂脱模后难免有不平整的状况，想要让手工皂拥有不凡的气质，可用修皂器稍微修平，手工皂就能焕然一新。

硅胶模：如果不想只做方方正正的手工皂，烘焙用的硅胶模也是赋予手工皂新形式的好工具。

〔材料〕各类中药（详见P.5～8）

氢氧化钠　精油　各式油品

【中药材简介】

〔生地黄〕

生地黄为玄参科植物地黄的根茎，性凉，味甘苦，归心、肝、肾经。具有滋阴养血，补肾填精，强筋壮骨，乌须黑发，润肤悦颜，牢牙固齿的功效。

〔黄芩〕

性苦，寒。归肺、胆、脾、胃、大肠、小肠经。《本草正》：枯者清上焦之火，消痰利气，定喘咳，止失血，退往来寒热，风热湿热，头痛，解温疫，清咽，疗肺痿、乳痈发背，尤祛肌表之热，故治斑疹、疮疡、赤眼。

〔当归〕

性甘、辛，温。
归肝、心、脾经。
具补血，活血，调经，止痛，润肠之效。
当归既能活血消肿止痛，又能补血生肌，故亦为外科所常用。在中医美容上有广泛的应用，可促新陈代谢，润泽肌肤，改善肌肤血液循环，对黑斑、黑眼圈、皱纹有改善的效果。

〔白芷〕

《药性赋》：味辛，气温，无毒。升也，阳也。其用有四：去头面皮肤之风，除皮肤燥痒之症，止足阳明头痛之邪，为手太阴引经之剂。

〔射干〕

《神农本草经》：味苦，平。主治咳逆上气，喉痹咽痛，散结气，腹中邪逆，食饮大热。

〔板蓝根〕

板蓝根为十字花科植物菘蓝的根；或爵床科植物马蓝的根茎及根。秋季采挖，除去泥沙，晒干。性苦，寒。具有清热解毒，凉血利咽功效。

〔杏仁〕

中医美容：杏仁能促进皮肤微循环，使肌肤滋润有光泽，对于青春痘、粉刺、黑斑皆有疗效，且可改善粗糙肤质，滋润眼部周围较敏感的肌肤，改善黑眼圈。

〔天门冬〕

《名医别录》：味甘，大寒，无毒。天门冬有抗氧化，延缓衰老，养肌肤的作用。

〔藁本〕

《神农本草经》："味辛，温。主治妇人疝瘕，阴中寒肿痛，腹中急，除风头痛，长肌肤，悦颜色。"《名医别录》："味苦、微温、微寒，无毒。主辟雾露润泽，治风邪蝉曳，金疮，可作沐药、面脂。"

〔白鲜皮〕

《本草纲目》：白鲜皮，气寒善行，味苦性燥，足太阴、阳明经，去湿热药也，兼入手太阴、阳明，为诸黄风痹要药。世医止施之疮科，浅矣。白鲜皮有消除色斑、润泽皮肤、排毒养颜的美容效果。

〔淮山药〕

又名山药。《本草纲目》：益肾气，健脾胃，止泄痢，化痰涎，润皮毛。有润肤、养颜美白的功效。

〔冬瓜仁〕

冬瓜仁有消色斑、润泽皮肤、消除皱纹作用，在中医美容上是一味很好的药材。

〔槐花〕

《太清草木方》：槐者，虚星之精。去百病，杏方云久服明目通神，白发还黑。

〔桔梗〕

《药性论》：臣，味苦，平，无毒。能治下痢，破血，去积气，消积聚痰涎，主肺气气促嗽逆，除腹中冷痛，主中恶及小儿惊痫。《本草衍义》：治肺热，气奔促，嗽逆，肺痈，排脓。

〔地肤子〕

《名医别录》：去皮肤中热气，散恶疮疝瘕，强阴。久服使人润泽。

〔蛇床子〕

《神农本草经》：味苦，平。主治妇人阴中肿痛，男子阴痿湿痒，除痹气，利关节，治癫痫，恶疮。

〔山栀子〕

《神农本草经》：味苦，寒。主治五内邪气，胃中热气，面赤酒皶鼻，白癞，赤癞，疮疡。

〔红花〕

《本草正》：达痘疮血热难出，散斑疹血滞不消。

〔白蒺藜〕

《本草求真》：宣散肝经风邪，凡因风盛而见目赤肿翳，并通身白癜瘙痒难当者，服此治无不效。本品辛散，祛风止痒。治疗风疹瘙痒，常与防风、荆芥、地肤子等祛风止痒药配方合用。

〔桑白皮〕

《名医别录》：无毒。主去肺中水气，止唾血，热渴，水肿，腹满胀，利水道，去寸白，可以缝金创。

〔桑叶〕

中医药学认为，桑叶性味苦，甘，寒。有散风除热、清肝明目之功效。经研究证明，桑叶还有良好的皮肤美容作用，特别是对脸部的痤疮、褐色斑有比较好的疗效。

〔百合〕

性甘，微寒。归肺、心、胃经。具有养阴润肺、止咳、清心安神的功效。现代医学研究表明：百合含有秋水仙碱等多种生物碱、蛋白质、淀粉、脂肪等，用于肌肤上，可增加肌肤弹性。

〔地榆〕

《名医别录》：味甘，酸，无毒。止脓血，诸瘘，恶疮，热疮，消酒，除消渴，补绝伤，产后内塞，可制作金疮膏。

〔枇杷叶〕

《食疗本草》：煮汁饮，主渴疾，治肺气热嗽及肺风疮，胸、面上疮。

〔半夏〕

性辛，温。归脾、胃、肺经。具燥湿化痰、降逆止呕、消痞散结的功效。外用可消肿止痛。《神农本草经》：味辛，平。主治伤寒寒热，心下坚，下气，喉咽肿痛，头眩，胸胀，咳逆，肠鸣，止汗。

〔甘草〕

《神农本草经》：味甘，平。主治五脏六腑寒热邪气，坚筋骨，长肌肉，倍力，金疮肿，解毒。

〔升麻〕

《本草纲目》：消斑疹，行瘀血。《神农本草经》：味甘，平。解百毒，辟温疫。

〔茯苓〕

《神农本草经》：味甘，平。主胸胁逆气。忧恚，惊邪恐悸，心下结痛，寒热，烦满，咳逆，止口焦舌干，利小便。久服安魂魄养神。

NO. 1
做法见 P.38

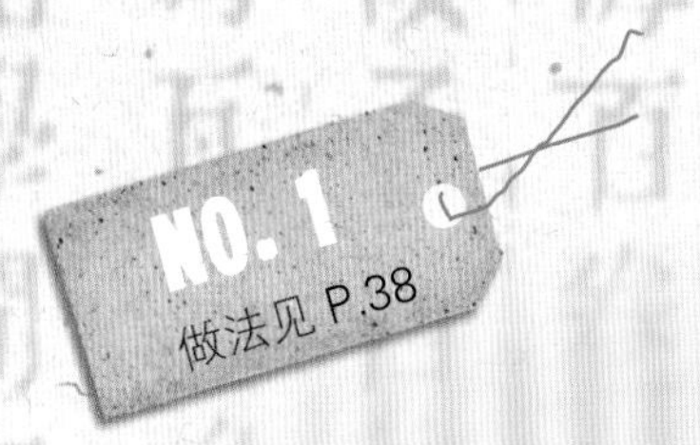

【甘草润泽舒缓皂】

甘草可搭配当归一同入皂，让肌肤水嫩，有弹性。

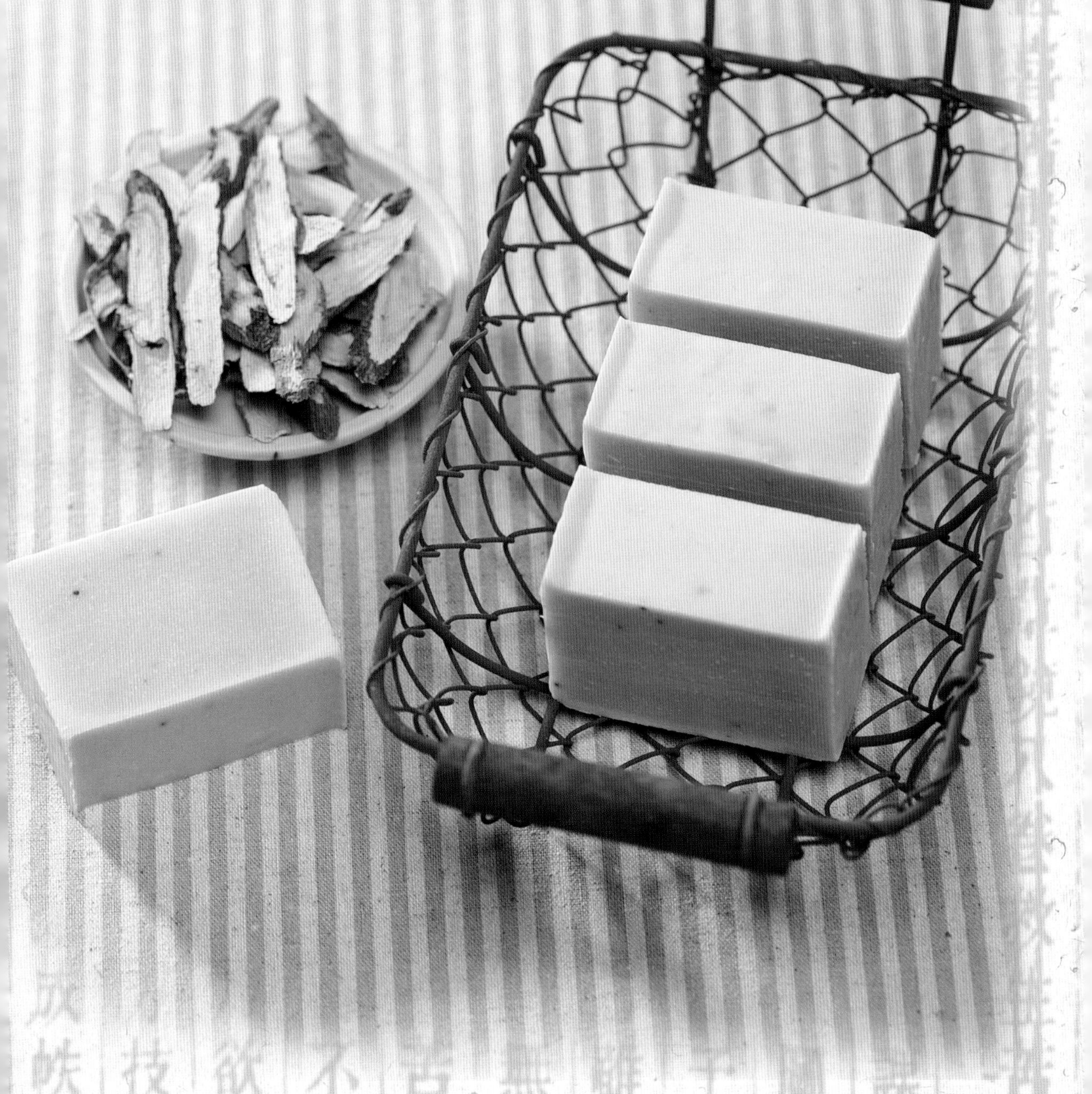

【射干收敛抗痘皂】

配方中的射干粉可以和当归粉、白芷粉并用，用来改善皮肤黑斑及粉刺。

【杏仁清肌美容皂】

杏仁粉适量，加水调匀，就是一款实用又简单的洁肤面膜。不妨动手试试看！

NO. 4
做法见 P.44

【板蓝根镇静凉肤皂】

以板蓝根粉入皂，板蓝根有消炎止痛功效。您也可以试试用板蓝根加水煎制的板蓝根水入皂，也另有一番风味。

【桑白皮镇静抗痘皂】

将橄榄油浸泡的桑白皮用来入皂，对易生痘痘的皮肤有很大的帮助。

【白芷和颜润白皂】

《本草纲目》记载：白芷“长肌肤，润泽颜色，可作面脂”。可见在古代，白芷也是女性制作保养品的重要药材。以白芷粉入皂，皂体较白，不用加入精油或香精，皂本身就有淡淡的中药味。

【藁本洁痘手工皂】

NO.7

做法见 P.48

藁本粉加上适量纯水调和，敷于生痘痘的皮肤上，可改善疤痕、粉刺及发炎的痘痘。

NO. 8
做法见 P.49

【半夏亮肤镇静皂】

将半夏煎煮成水，搭配安息香及薰衣草入皂，可镇静肌肤、延缓肌肤老化及斑点的产生。

NO. 9

做法见 P.50

【冬瓜仁清透雪白皂】

以冬瓜仁入皂，保温24小时之后皂仍会偏软，建议摆放一周后再脱膜。以冬瓜仁做出的皂，清亮透澈，对润泽肌肤、抗皱、淡斑有很好的帮助。

NO. 10

做法见 P.51

【黄芩抗炎修复皂】

现代药学研究表明，黄芩萃取液具有抗病毒、抗菌、消炎、镇静等作用，用于皮肤保养品中，有延缓肌肤衰老之效。

【地肤子清洁亲肤皂】

地肤子可消除皮肤湿痒，对毛囊发炎、异位性皮肤炎亦有消炎作用。

【升麻抗敏消炎皂】

升麻具清热解毒之效，与槐花、桔梗一起使用，可减缓过敏性皮肤发炎现象。以升麻粉入皂，可同时加入槐花粉及桔梗粉。该配方为长期有过敏性皮炎的人打造，因此建议不加精油及香精。

NO. 13
做法见 P.57

【地榆抗敏舒缓皂】

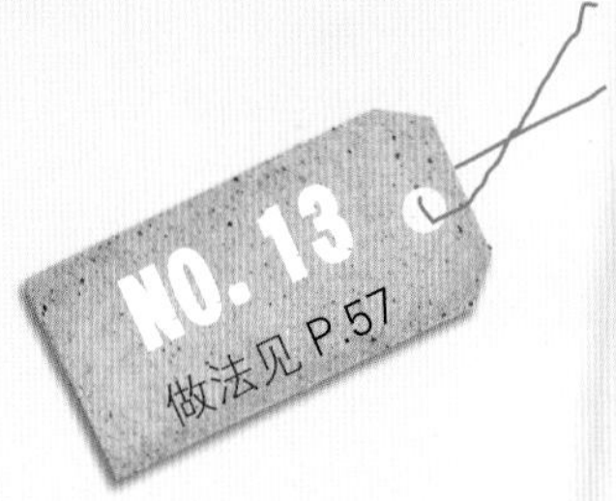

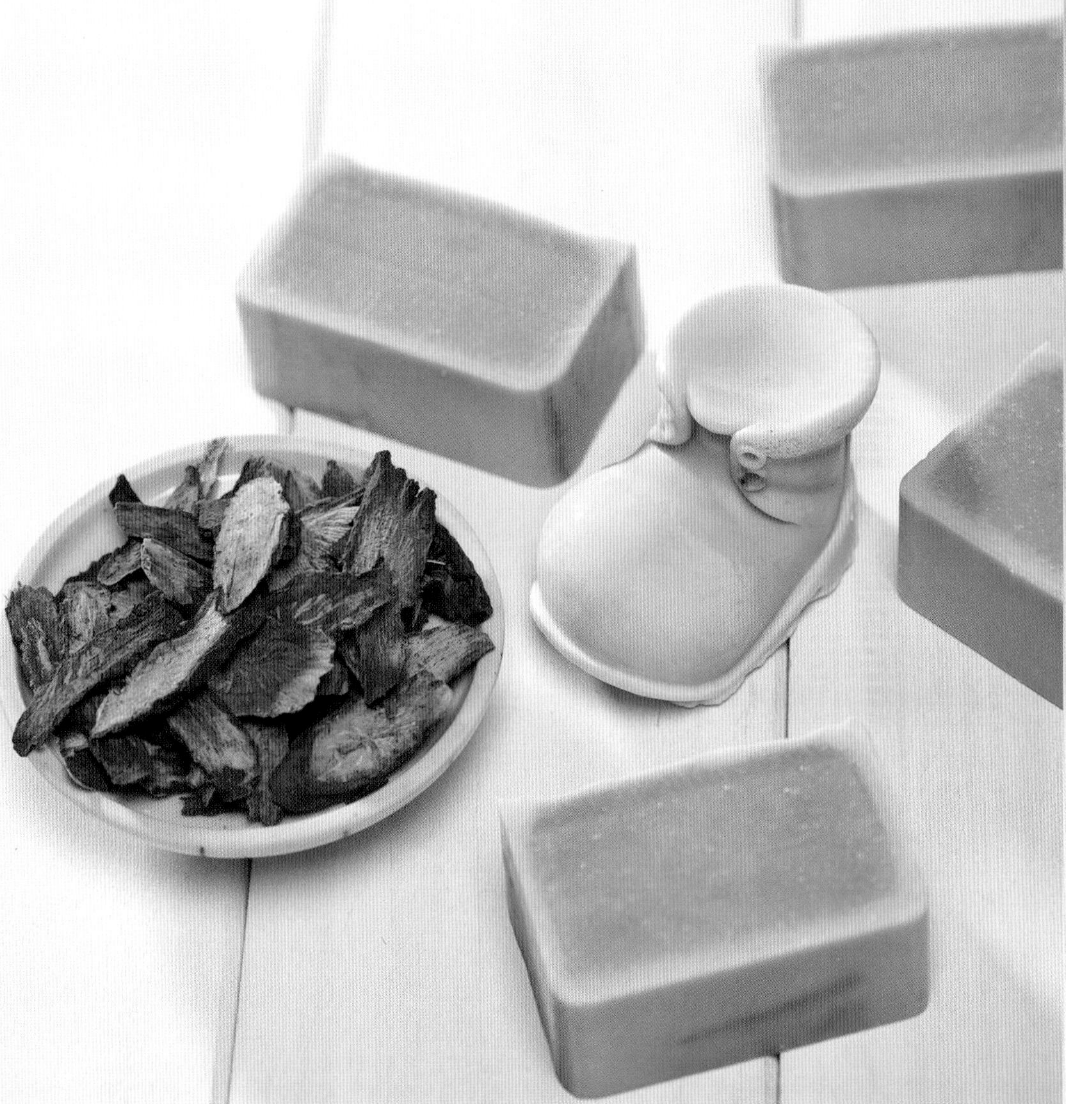

地榆有抗菌功效，可舒缓皮肤病，如对湿疹及过敏性皮炎有疗效。

【枇杷叶舒缓抗老皂】

枇杷叶可清肺热，故对粉刺、痤疮，改善毛孔粗大有帮助。

NO. 14

做法见 P.58

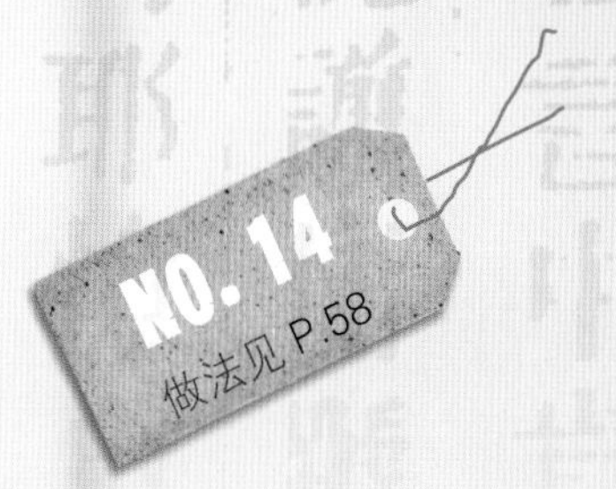

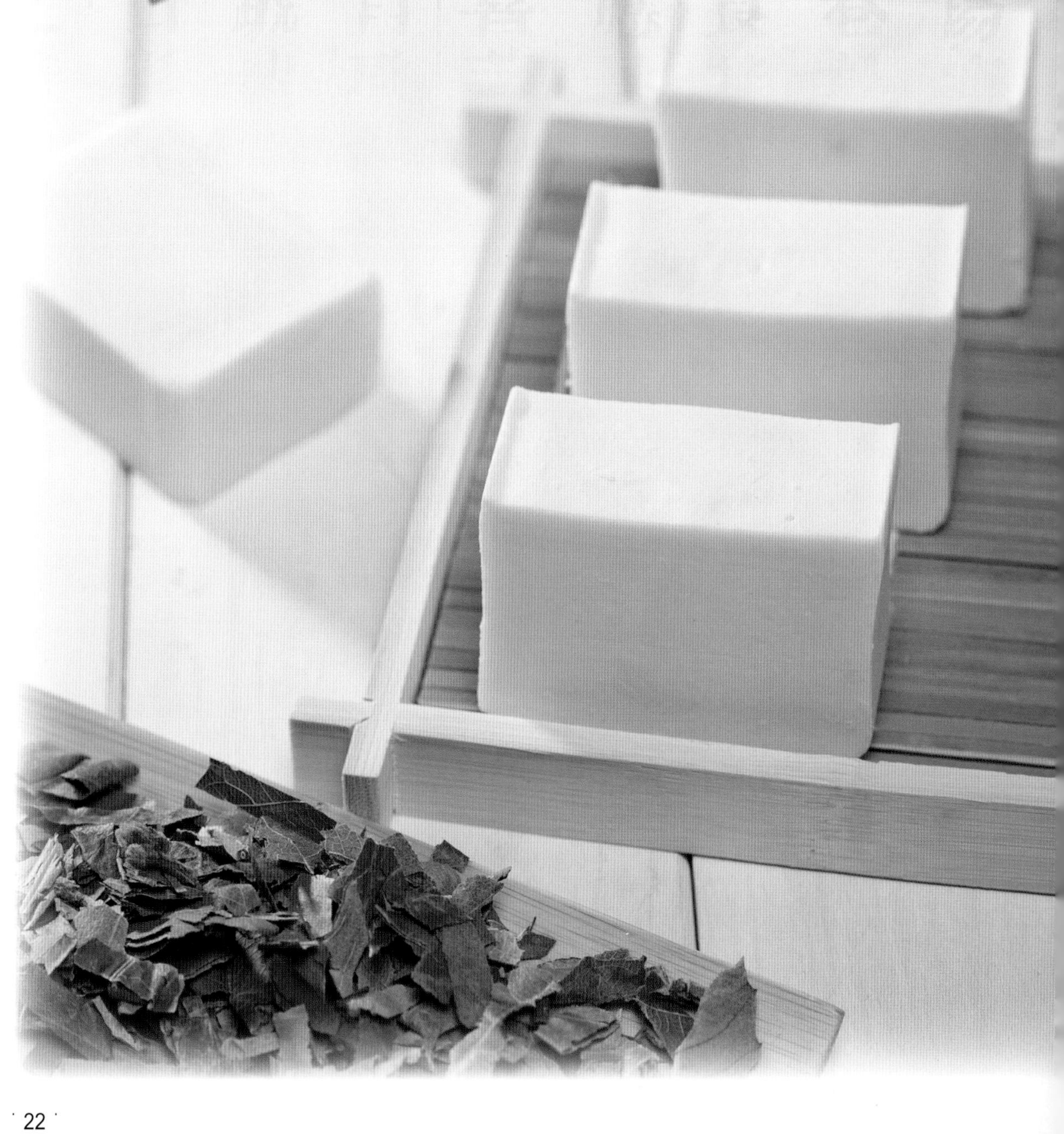

白鲜皮可清热燥湿，泻火解毒，祛风止痒。用于治疗湿热疮毒、肌肤溃烂、黄水淋漓等症状时，常与苍术、苦参、银花等具有燥湿解毒功效的中药同用。改善湿疹、疥癣、皮肤瘙痒等症状，常与苦参、防风、地肤子等同用。内服外洗均可。

NO. 16

做法见 P.60

【山栀子净肤养颜皂】

山栀子研磨成粉入皂，对皮肤有收敛、清肌之效。煎煮成水入皂亦有助益，还能消肿止痛。

NO. 17

做法见 P.61

【蛇床子抗菌手工皂】

蛇床子具止痒、杀虫、改善恶疮之效。既可以蛇床子粉末入皂，也可将蛇床子煎制成药水入皂，或制作成浸泡油入皂。

【淮山药保湿修护皂】

淮山药粉调以适量纯水，就是一种最天然的面膜。淮山药具有丰富的黏液质，对肌肤有防止老化、保湿、滋润的帮助，您也可以自己动手试试做面膜哦！

NO. 19

做法见 P.64

【天门冬抗黑手工皂】

将天门冬研磨成粉或水煎煮，是抗黑眼圈的中药良方。

【百合保湿活肤皂】

将百合研磨成粉入皂。百合含有多种生物碱，对补充肌肤营养，促进肌肤再生有助益。

NO. 20

做法见 P.65

【茯苓深层润肤美白皂】

茯苓自古被视为上等仙药，具润肌肤、悦肤色之效，能使皮肤光滑有弹性。茯苓研磨成粉，调以纯水敷于脸部，可当作面膜护肤。

【白蒺藜美颜柔肤皂】

以白蒺藜浸泡油入皂，使能预防肌肤老化的成分留在油脂中，使用起来非常舒服。

NO. 23

做法见 P.68

【桔梗深层保湿皂】

桔梗制作成桔梗浸泡油，再搭配超脂的荷荷芭油，对肌肤的软化、抗老、防皱及滋养发丝有很好的效果。

NO. 24
做法见 P.69

【当归养颜抗皱皂】

当归具补血、活血之效，可使皮肤更有弹力。

【槐花去头屑养发皂】

槐花具有清热凉血的功效，搭配佛手柑精油、雪松精油，对去头皮屑及乌发有帮助。

NO.26

做法见 P.72

【红花滋颜养发皂】

红花可促进血液循环，改善女性痛经、手脚冰冷及皮肤粗糙等问题。

NO. 27

做法见 P.73

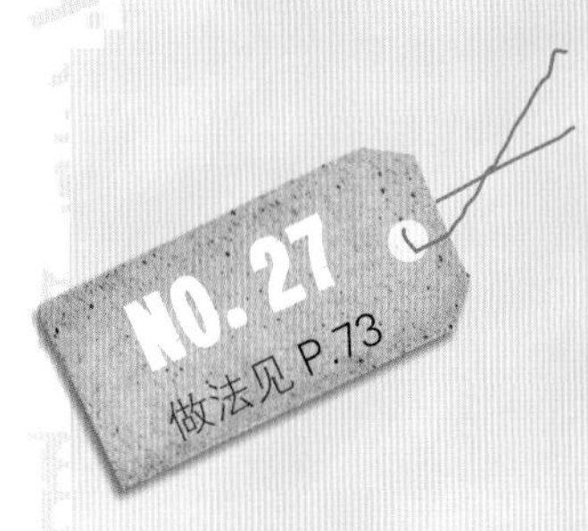

【生地黄乌发润发皂】

生地黄具有乌须黑发、润肤悦颜之效。以生地黄浸油入皂，搭配蓖麻油、苦茶油，是一款润泽发丝、乌发亮发的洗发皂。

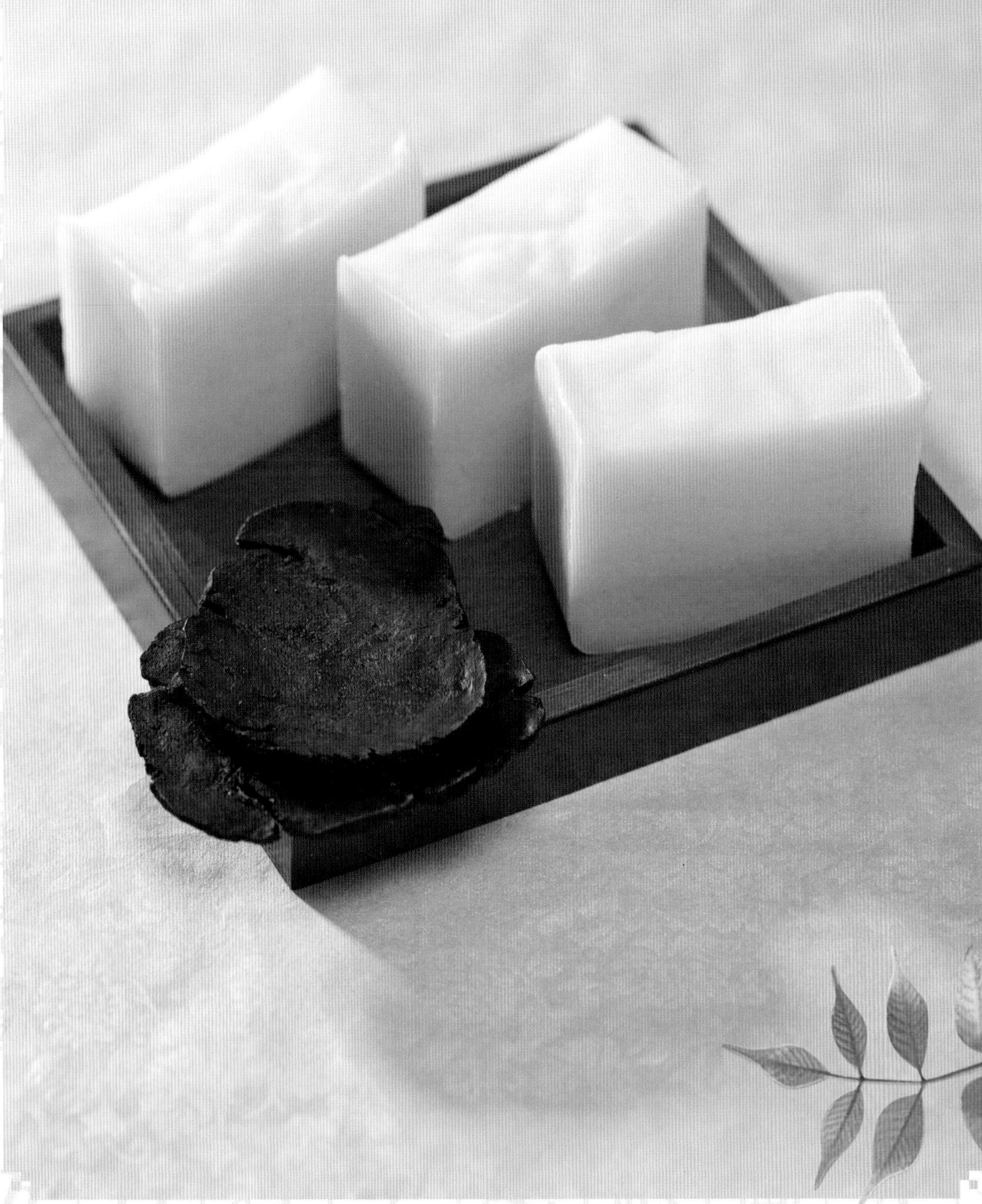

NO.28
做法见 P.74

【桑叶柔发抗菌皂】

将桑叶水入皂，搭配蓖麻油及乳油木果脂，再加上可抗菌的茶树精油，让你的头皮及发丝都得到最佳的照顾。

【中药材入皂前的准备工作】

本书介绍的中药材是非常普遍也容易取得的素材，为了方便入皂，可在事前做不同的准备工作。大致分类如下：

〔磨粉法〕

在中药店购买时，可直接请药店研磨成粉状。

〔煎煮法〕

取水和中药材放入陶锅中，用小火慢慢炖煮，沸后约 30 分钟，等完全降温后，才可入皂。

〔油品浸泡法〕

1 先将橄榄油及红花准备好。

2 将红花放入瓶子里。

3 再把橄榄油倒入瓶子里。

4 盖好瓶盖密封保存，完成。记住要贴上药材的名称及浸泡日期的标签。

制皂方法

【甘草润泽舒缓皂】

NO. 1

制皂过程

配方：

椰子油	110g
棕榈油	140g
橄榄油	150g
杏仁油	100g
(总油重	500g)
氢氧化钠	74g
纯水	148g
甘草粉	5g
丝柏精油	5mL
佛手柑精油	5mL

《小提示》

甘草是最常用来排毒的中药材之一。甘草萃取液可预防皮肤过敏，有保护皮肤之作用。

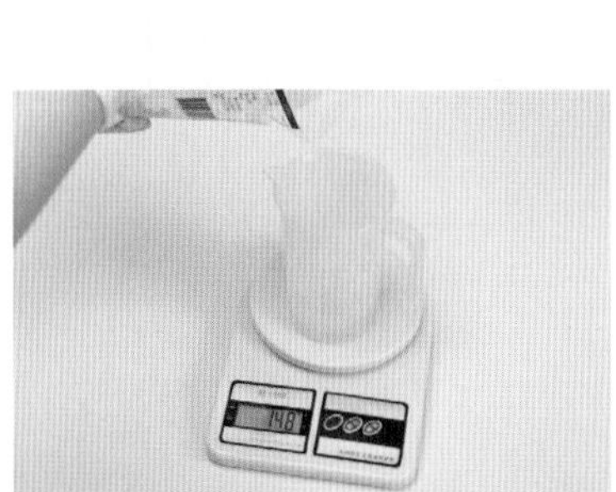

1 将纯净水 148g，盛于量杯中。

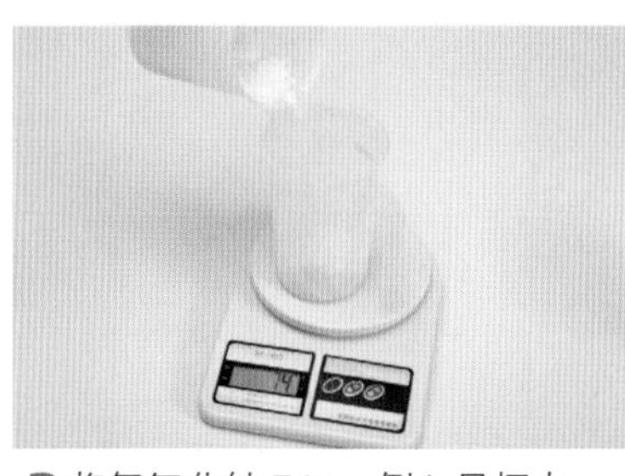

2 将氢氧化钠 74g，倒入量杯中。

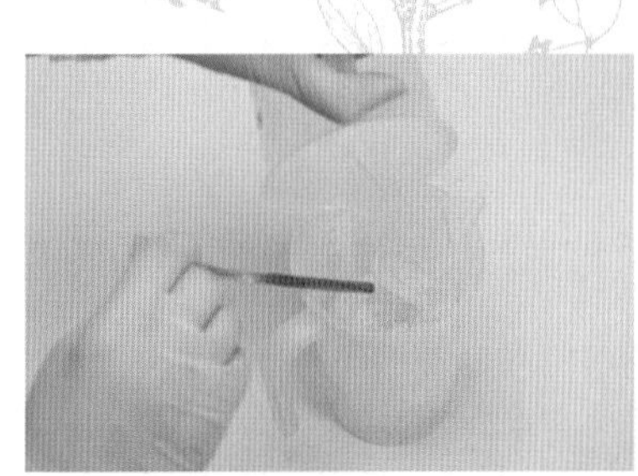

3 将氢氧化钠缓缓倒入纯水里，用长柄汤匙或小棍搅拌，将氢氧化钠完全溶化在水中。（氢氧化钠要全部倒完，才算完成哦！）

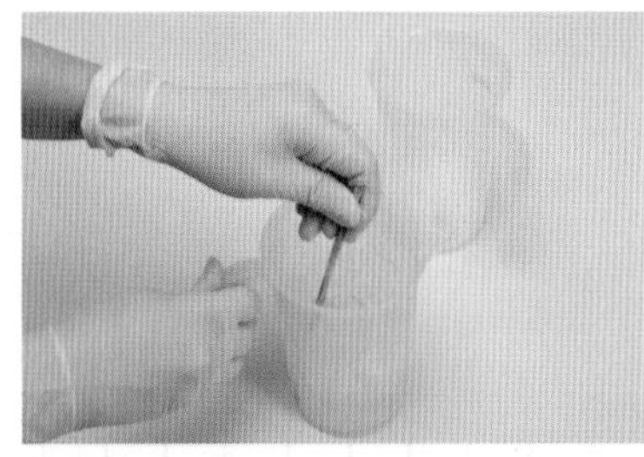

4 氢氧化钠完全溶化后，放在一旁降温至 45℃以下备用（此即为碱水）。

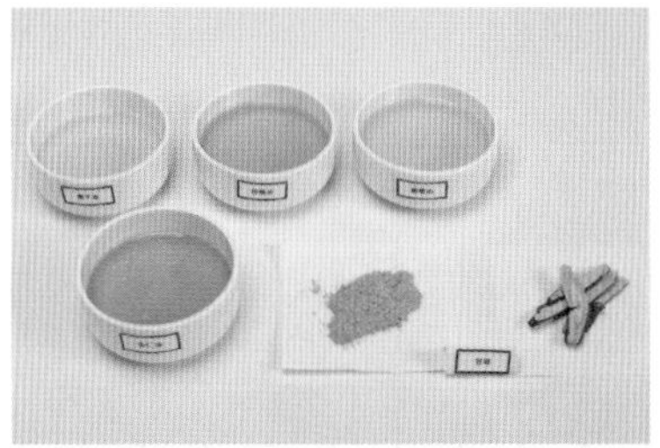

5 将所有的油脂全部备好，一起放入锅内加热熔化。

6 将调好的碱水倒入锅中。

制皂过程

7 用打蛋器搅拌，约 30 分钟。

8 皂液打成像美乃滋的状态。

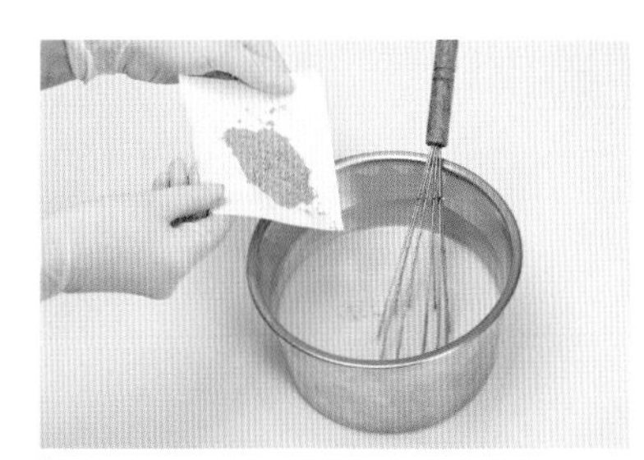

9 将准备好的甘草粉，缓缓地加入皂液里。

10 甘草粉全部加入皂液中后，开始搅拌。

11 搅拌均匀。

12 将精油一一加入，搅拌均匀。

13 将皂液徐徐倒入模子里。

14 用刮刀把锅中剩余的皂液刮干净。

15 入模完成，放置 24 小时。

16 切皂（详见 P.75），完成。

※ 切皂后若不修皂，可保留皂块原始的质朴线条，且不浪费皂屑。若要当作礼品送人或销售，不妨修好形状后再包装（详见 P.77、P.82）。

【射干收敛抗痘皂】

制皂过程

配方：

椰子油	85g
棕榈油	125g
橄榄油	150g
酪梨油	140g
(总油重	500g)
氢氧化钠	78g
纯水	210g
射干粉	5g
绿花白千层精油	5mL
薄荷精油	10mL

《小提示》

射干用作美容时，有收缩毛孔、消退青春痘的作用。

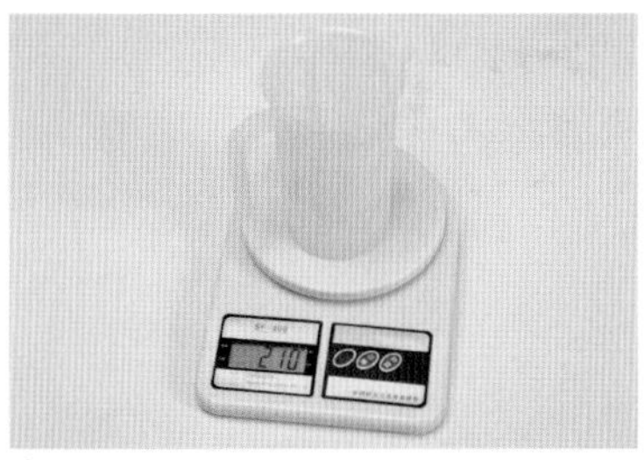

1 将纯水 210g，装盛于量杯中 (调碱水方式，请见 P.38 步骤 3、4)。

2 将所有的油脂全部备好，一起放入锅内。

3 将调好的碱水倒入锅中。

4 开始搅拌，约搅拌 30 分钟后，皂液会明显有像美乃滋的感觉。

5 将准备好的射干粉，缓缓地加入皂液里。

6 搅拌均匀。

7 将已搅拌均匀的皂液，暂时放置一旁。

8 将精油一一加入，搅拌均匀。

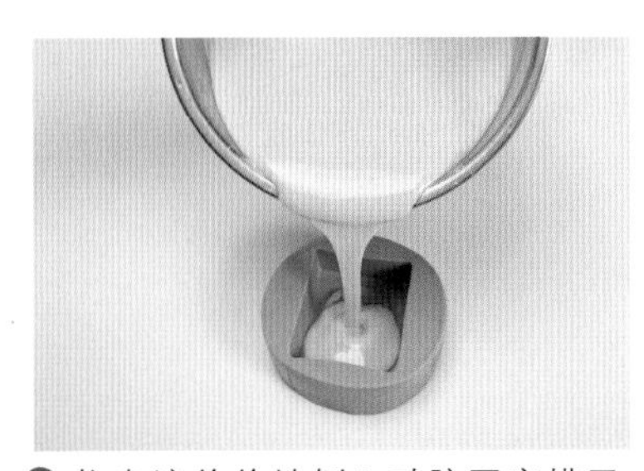
9 将皂液徐徐地倒入硅胶图案模子里。

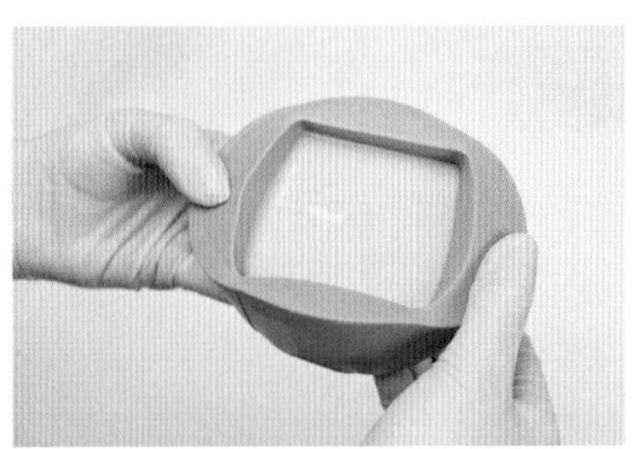
10 将模子四边往外扳，以让皂液完全流入模子细部之处。

11 将皂液填满，静置晾皂即可。

12 将锅里剩余的皂液直接倒入模子里。

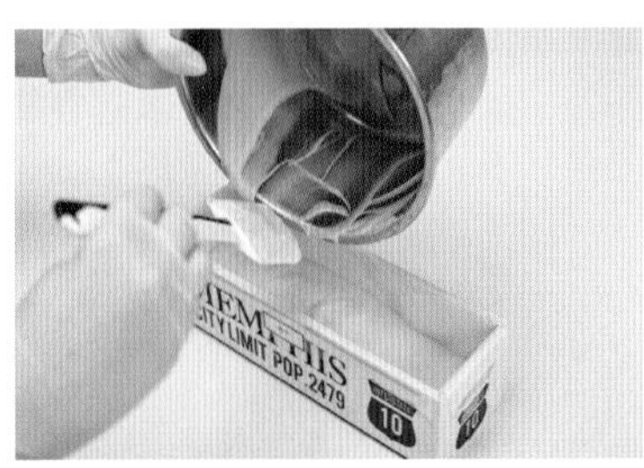
13 用刮刀把锅中剩余皂液刮干净。

14 入模完成，放置 24 小时。

15 切皂（详见 P.75），完成。

【杏仁清肌美容皂】

制皂过程

配方：

椰子油	125g
橄榄油	250g
未精制乳油木果脂	125g
(总油重	500g)
氢氧化钠	74g
纯水	232g
杏仁粉	5g
广藿香精油	5mL
薰衣草精油	5mL
血橙精油	5mL

《小提示》

杏仁是美容常用药材，能使肌肤滋润有光泽。杏仁也可制作成茶饮，可止咳化痰、润肺，是一款居家常用的中药。

1 将纯水 232g，装盛于量杯中（调碱水方式，请见 P.38 步骤 3、4）。

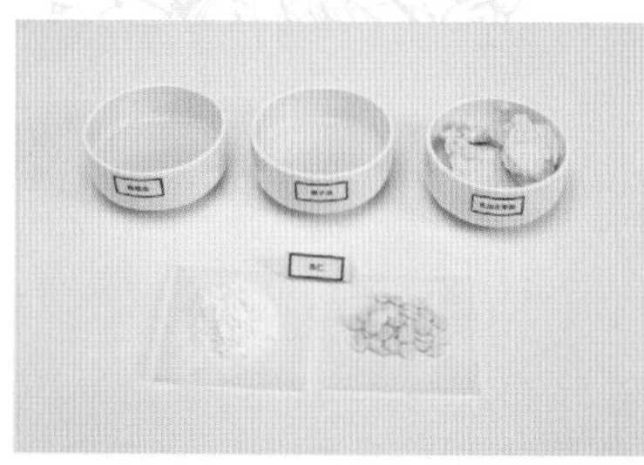

2 将所有的油脂全部备好，一起放入锅内。

3 先将油脂升温到 42℃，至未精制乳油木果脂完全熔化为止。

4 将调好的碱水倒入锅中。

5 用打蛋器搅拌，约 30 分钟。

6 皂液打成像美乃滋的状态。

7 将准备好的杏仁粉缓缓地加入皂液里。

8 杏仁粉全部加入皂液中后，开始搅拌。

9 搅拌均匀，至浓稠为止。

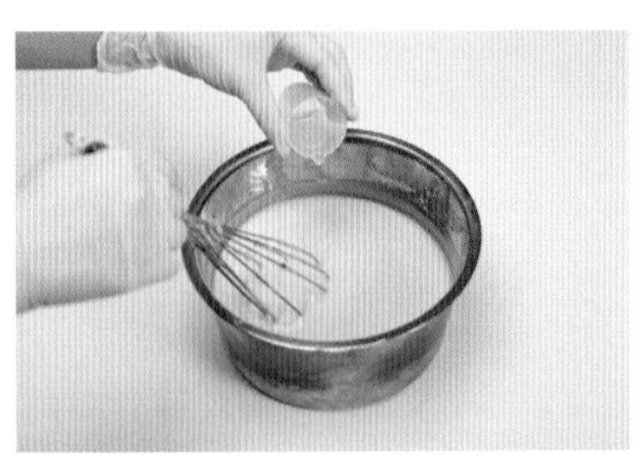

10 将精油一一加入，搅拌均匀。

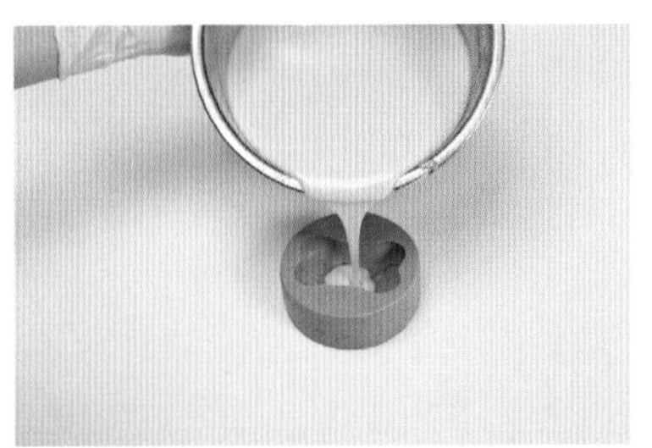

11 将皂液徐徐地倒入硅胶图案模子里。

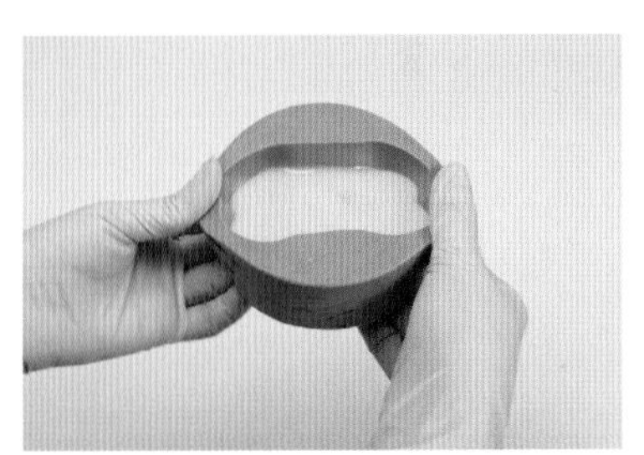

12 将模子两边往外扳，让皂液可以完全流入模子细部之处。

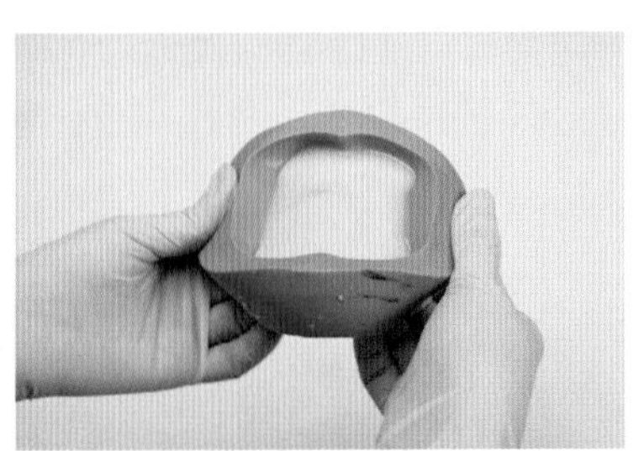

13 再将模子另外两边往外扳，让皂液可以完全流入模子细部之处。

14 将皂液填满，保温 24 小时。

15 将锅里剩余的皂液直接倒入模子里。

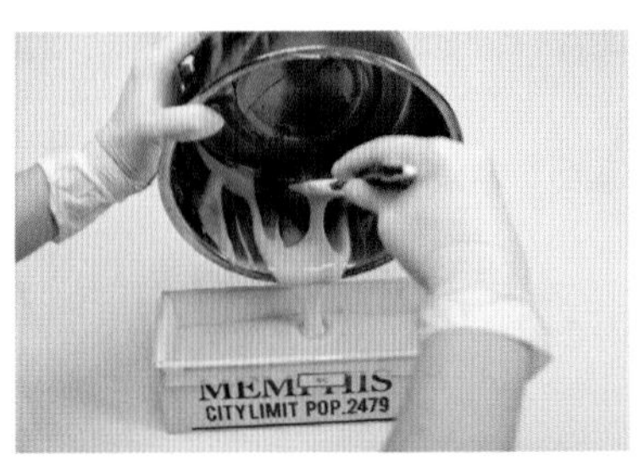

16 用刮刀把锅中剩余的皂液刮干净。

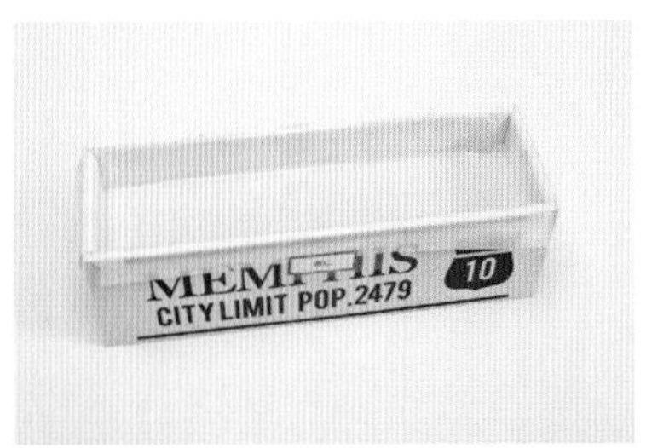

17 入模完成，保温 24 小时。

18 切皂（详见 P.75），完成。

NO. 4

【板蓝根镇静凉肤皂】

制皂过程

配方：

椰子油	150g
棕榈油	150g
葵花油	100g
大麻籽油	100g
(总油重	500g)
氢氧化钠	75g
纯水	165g
板蓝根粉	5g
白千层精油	5mL
甜橙精油	5mL

《小提示》

中医美容：板蓝根具有对皮肤消炎、止痛、抗感染、抑菌的效果，对治疗或预防粉刺有一定功效。

1 将所有的油脂全部备好，一起放入锅内（调碱水方式，请见 P.38 步骤 3、4）。

2 将调好的碱水倒入锅中。

3 用打蛋器搅拌，约 30 分钟。

4 皂液打成像美乃滋的状态。

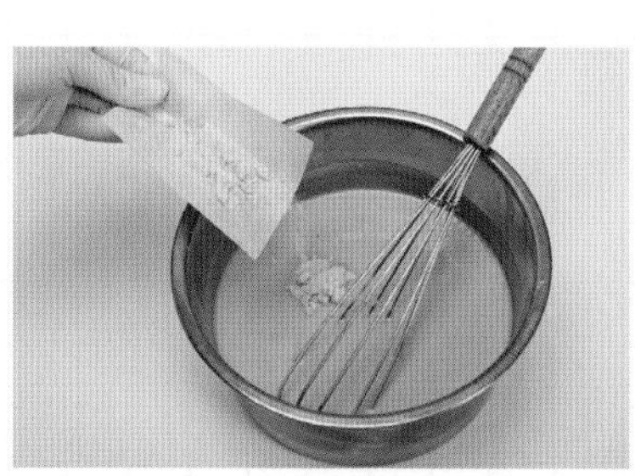

5 将准备好的板蓝根粉，缓缓加入皂液里。

6 板蓝根粉全部加入皂液后开始搅拌。

7 搅拌均匀。

8 将精油一一加入，搅拌均匀。

9 将皂液徐徐地倒入硅胶图案模子里。

10 将皂液填满模子，保温 24 小时（24 小时后脱模，晾皂 1 ~ 2 个月）。

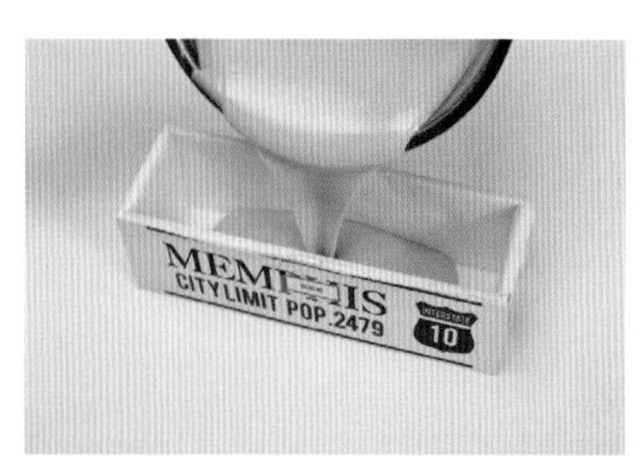

11 将锅里剩余的皂液直接倒入模子里。

12 用刮刀把锅中剩余的皂液刮干净。

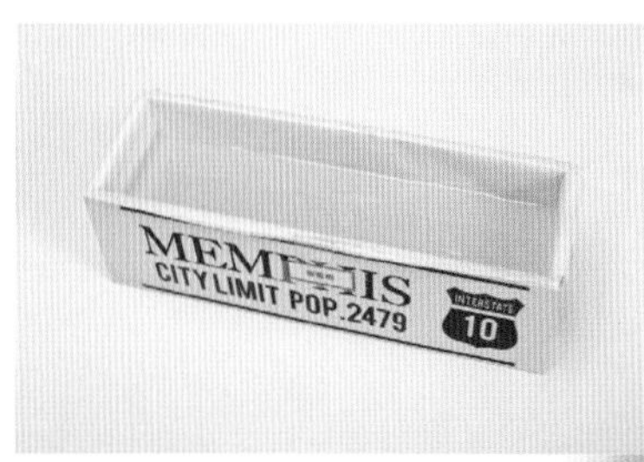

13 入模完成，保温 24 小时。

14 切皂（详见 P.75），完成。

NO. 5

【桑白皮镇静抗痘皂】

制皂过程

配方：

椰子油	125g
桑白皮浸泡棕榈油	125g
迷迭香浸泡橄榄油	250g
(总油重	500g)
氢氧化钠	75g
纯水	188g
月见草油	15g
桔精油	5mL
橙花精油	5mL

《小提示》

桑白皮可消炎抗菌、镇静止痛、抗感染，对于红肿的痘痘有改善的效果。

1 将油脂全部备好，一起放入锅内(调碱水方式，请见 P.38 步骤 3、4)。

2 将调好的碱水倒入锅中。

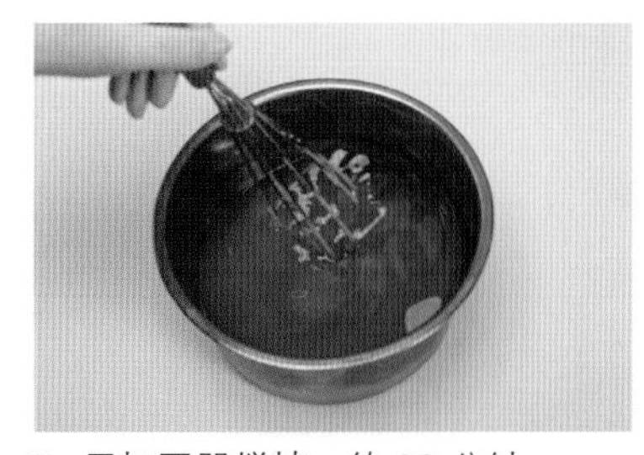

3 用打蛋器搅拌，约 30 分钟。

4 皂液打成像美乃滋的状态。

5 将精油一一加入，搅拌均匀。

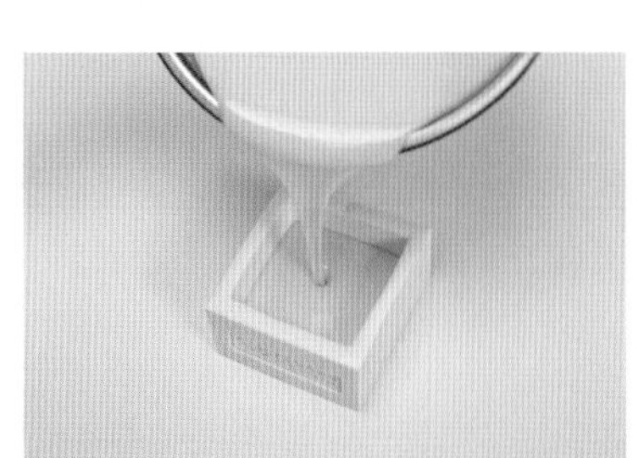

6 将皂液徐徐倒入硅胶图案模子里。

7 将皂液填满，保温 24 小时。

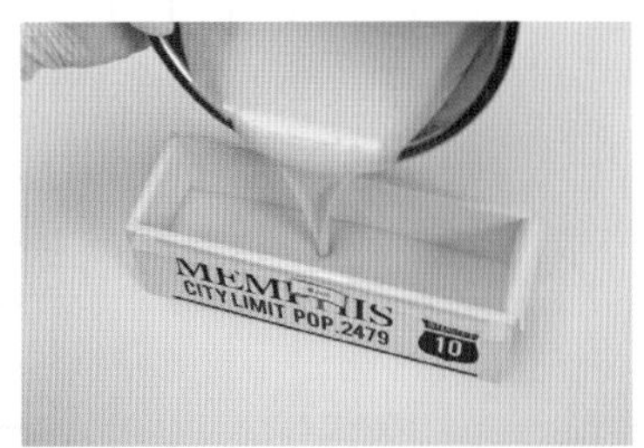

8 将锅里剩余的皂液倒入模子里。

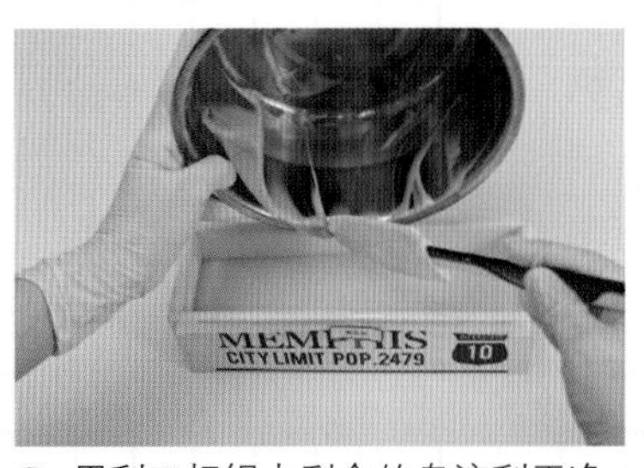

9 用刮刀把锅中剩余的皂液刮干净。

10 入模完成，保温 24 小时后切皂(详见 P.75)，完成。

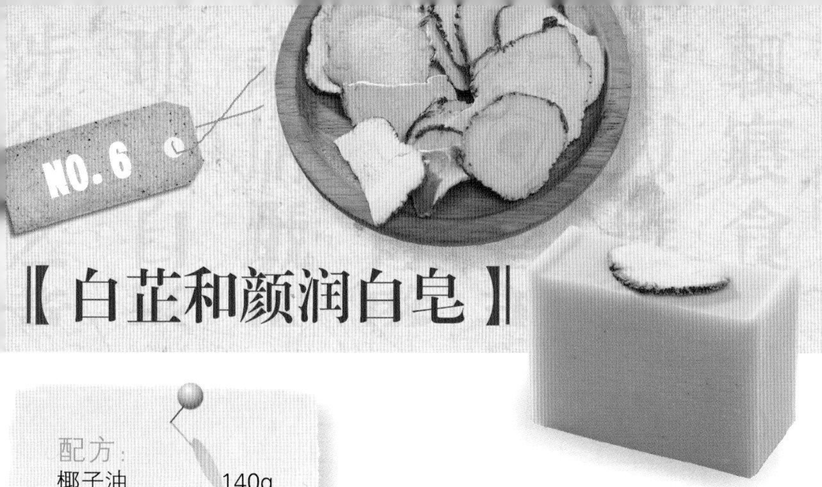

【白芷和颜润白皂】

《小提示》

白芷对皮肤消炎、抗菌有一定的作用。白芷加水煎煮后的药剂，可制作成抗痘洗面乳，对洁面、抗痘、抗菌有帮助。

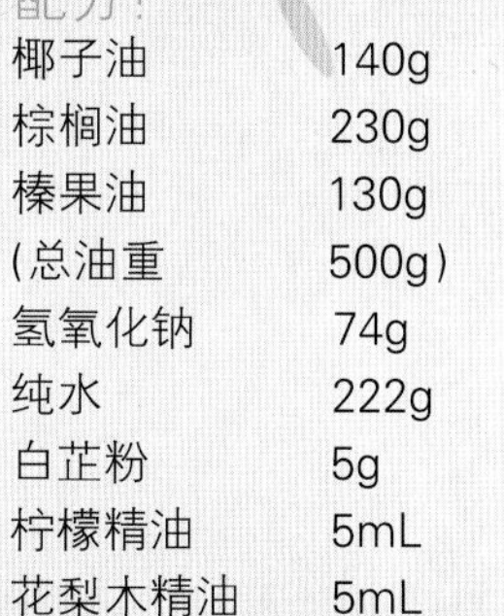

配方：

椰子油	140g
棕榈油	230g
榛果油	130g
(总油重	500g)
氢氧化钠	74g
纯水	222g
白芷粉	5g
柠檬精油	5mL
花梨木精油	5mL

制皂过程

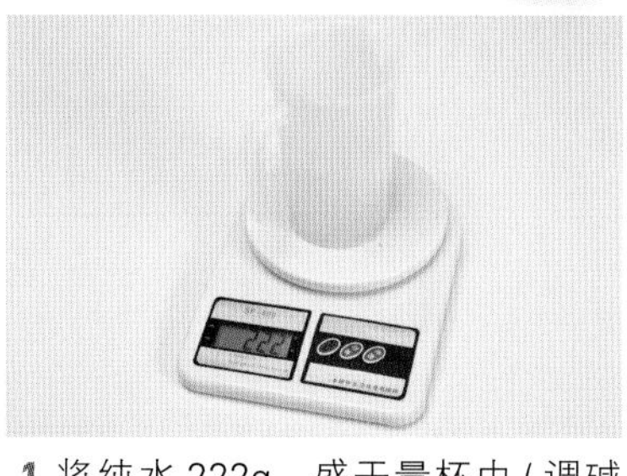

1 将纯水 222g，盛于量杯中 (调碱水方式，请见 P.38 步骤 3、4)。

2 将油脂全部备好，一起放入锅内。

3 将调好的碱水倒入锅中。

4 开始搅拌，搅拌至 30 分钟后，皂液会呈现像美乃滋的状态。

5 将准备好的白芷粉，缓缓加入皂液里。

6 搅拌均匀。

7 将精油一一加入，搅拌均匀。

8 将皂液徐徐倒入模子里。

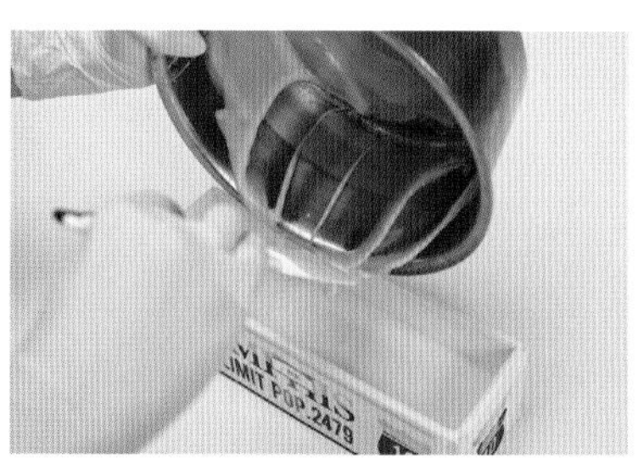

9 用刮刀把锅中剩余的皂液刮干净。

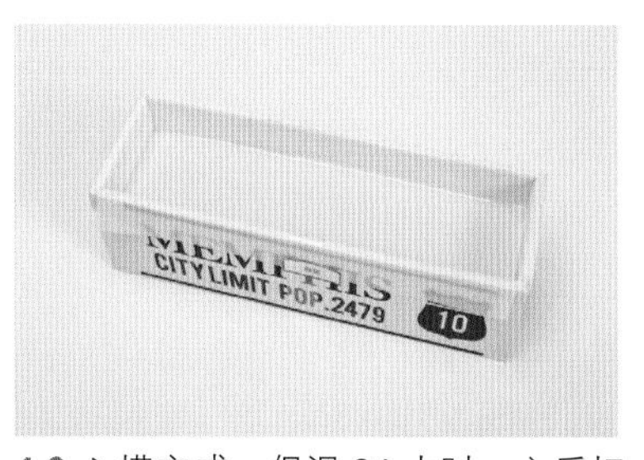

10 入模完成，保温 24 小时。之后切皂 (详见 P.75)，完成。

【藁本洁痘手工皂】

《小提示》

自古藁本就是女性的保养圣品，多用于保养品及药草浴，在调理功能上与白芷相同，有悦泽肌肤、抗炎之效。

制皂过程

配方：

椰子油	150g
金盏花橄榄油	200g
甜杏仁油	150g
(总油重	500g)
氢氧化钠	75g
藁本水	150g
月见草油	15g
洋甘菊精油	5mL
天竺葵精油	5mL

1 将油脂全部备好，一起放入锅内。藁本先煎煮成藁本水。

2 将藁本水倒入氢氧化钠中（调碱水方式，请见 P.38 步骤 3、4）。

3 将碱水搅拌均匀。降温至 45℃备用。

4 将调好的碱水倒入锅中。

5 用打蛋器搅拌，约 30 分钟。

6 皂液打成像美乃滋的状态。

7 将精油一一加入，搅拌均匀。

8 将皂液徐徐倒入模子里。

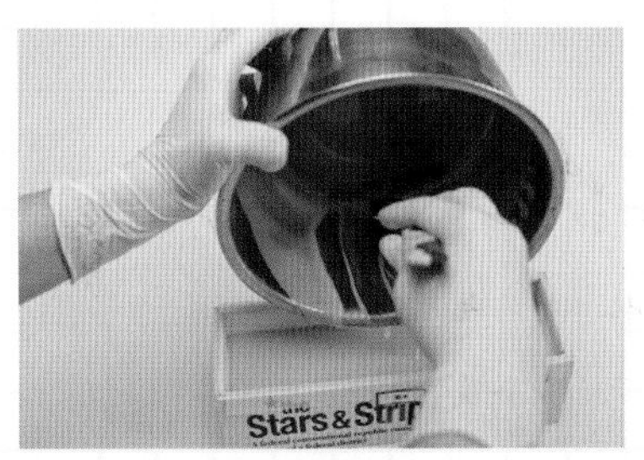

9 用刮刀把锅中剩余的皂液刮干净。

10 入模完成，保温 24 小时。之后切皂（详见 P.75），完成。

【半夏亮肤镇静皂】

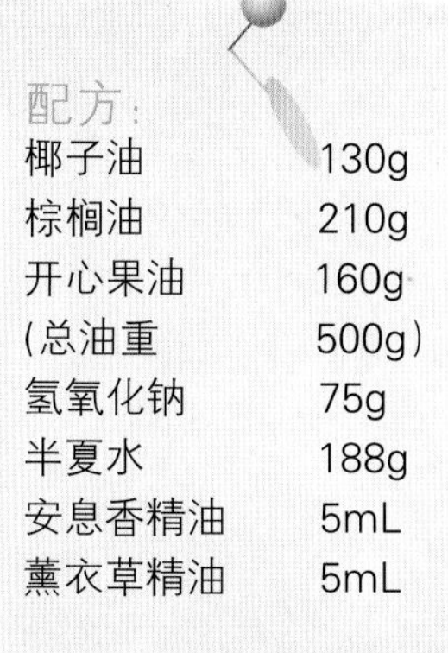

配方：

椰子油	130g
棕榈油	210g
开心果油	160g
(总油重	500g)
氢氧化钠	75g
半夏水	188g
安息香精油	5mL
薰衣草精油	5mL

《小提示》

半夏具燥湿化痰、润泽肌肤的作用。

制皂过程

1 将油脂全部备好，一起放入锅内。半夏先煎煮成半夏水。

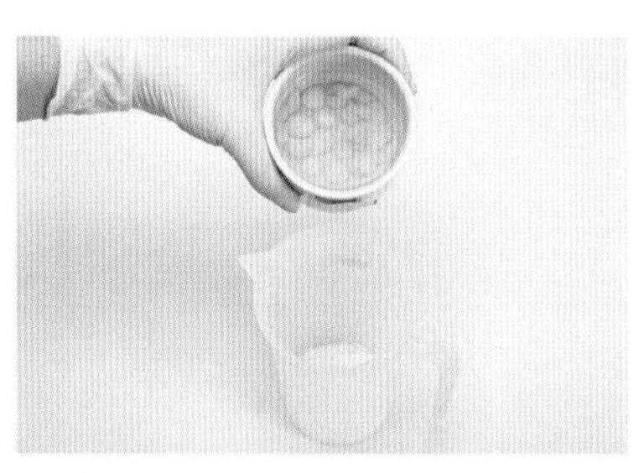

2 将半夏水倒入氢氧化钠中（调碱水方式，请见 P.38 步骤 3、4)。

3 将调好的碱水倒入锅中。

4 用打蛋器搅拌，约 30 分钟。

5 皂液打成像美乃滋的状态。

6 将精油一一加入，搅拌均匀。

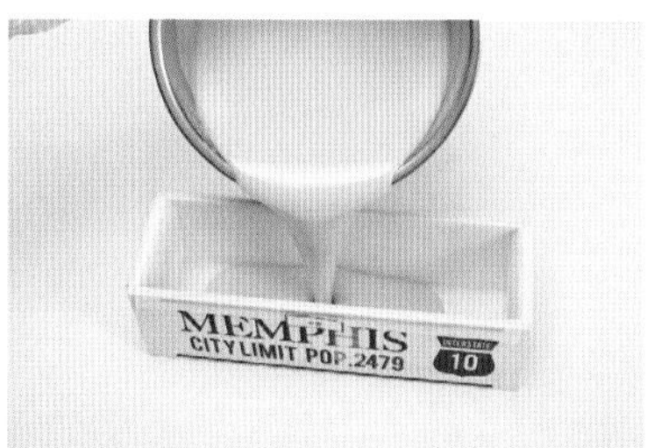

7 将皂液徐徐倒入模子里。

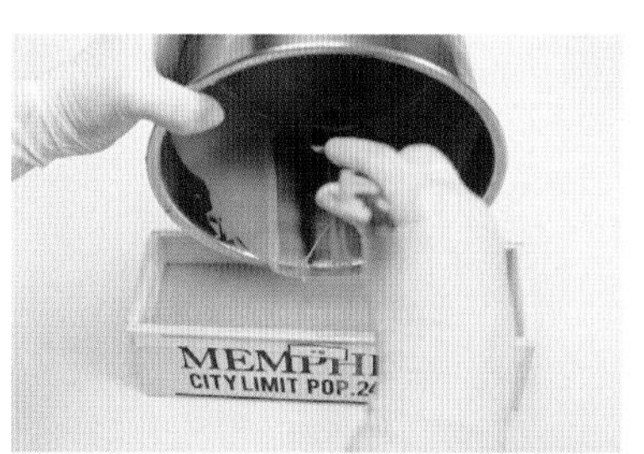

8 用刮刀把锅中剩余的皂液刮干净。

9 入模完成，保温 24 小时。最后切皂（详见 P.75），完成。

NO.9

【冬瓜仁清透雪白皂】

《小提示》

除了用冬瓜仁入皂，您还可以在炎炎夏日，将冬瓜打成汁入皂，虽然要置放较久的时间才能脱模，但是试过之后，您一定也会爱上冬瓜皂的洗感。

制皂过程

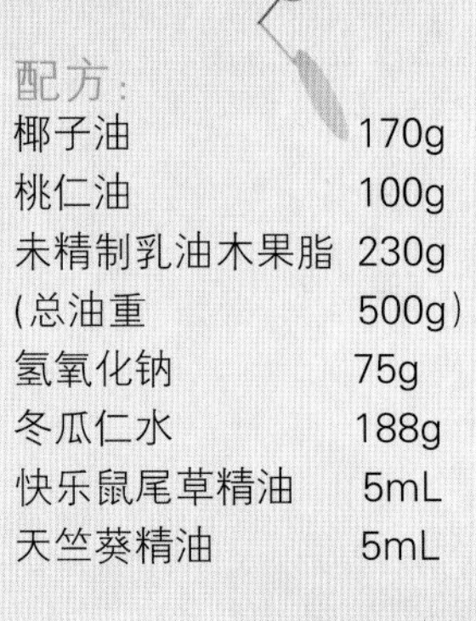

配方：

椰子油	170g
桃仁油	100g
未精制乳油木果脂	230g
(总油重	500g)
氢氧化钠	75g
冬瓜仁水	188g
快乐鼠尾草精油	5mL
天竺葵精油	5mL

1 将油脂全部备好，一起放入锅内加热熔化。冬瓜仁先煎煮成冬瓜仁水。

2 将冬瓜仁水倒入氢氧化钠中（调碱水方式，请见P.38步骤3、4）。

3 将调好的碱水，放在一旁降温至45℃备用。

4 将调好的碱水倒入锅中。

5 用打蛋器搅拌，约30分钟。

6 皂液打成像美乃滋的状态。

7 将精油一一加入，搅拌均匀。

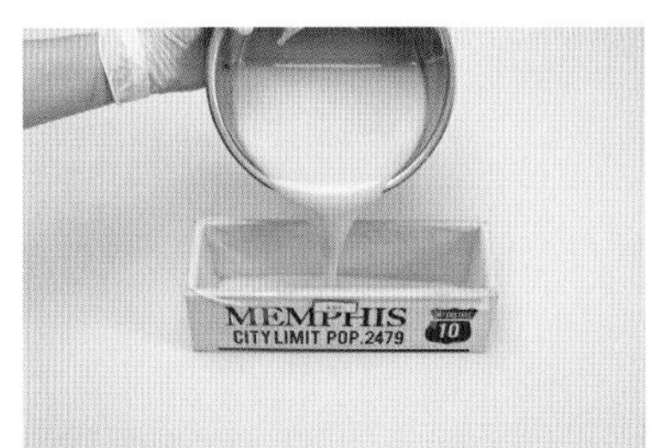

8 将皂液徐徐倒入模子里。

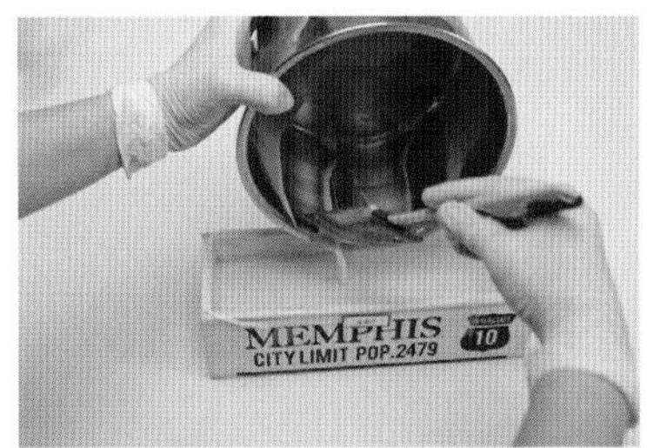

9 用刮刀把锅中剩余的皂液刮干净。

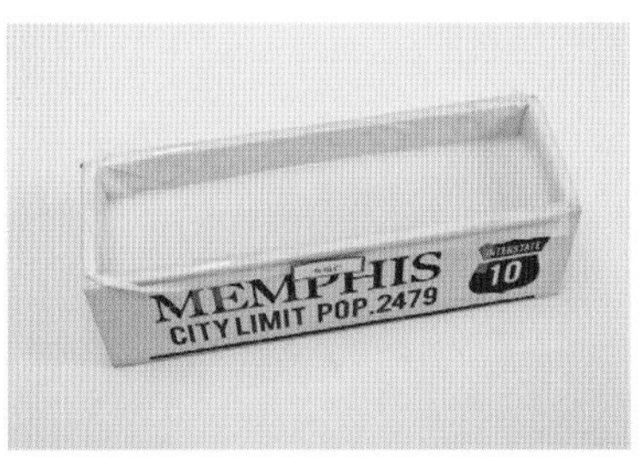

10 入模完成，保温24小时。最后切皂（详见P.75），完成。

【黄芩抗炎修复皂】

制皂过程

配方：

棕榈油	250g
蓖麻油	75g
榛果油	75g
未精制乳油木果脂	100g
(总油重	500g)
氢氧化钠	74g
纯水	150g
黄芩粉	5g

《小提示》

黄芩因有治斑疹之效，故对于发炎的痘痘皮肤及过敏性皮肤都有改善的效果。

1 将油脂全部备好，一起放入锅内(调碱水方式，请见P.38步骤3、4)。

2 先将油品升温到42℃，至未精制乳油木果脂完全熔化为止。

3 将调好的碱水倒入锅中。

4 用打蛋器搅拌，约30分钟。

5 皂液打成像美乃滋的状态。

制皂过程

6 将准备好的黄芩粉缓缓加入皂液里。

7 黄芩粉全部加入皂液后开始搅拌。

8 搅拌均匀。

9 将精油一一加入，搅拌均匀。

10 将皂液徐徐倒入硅胶图案模子里。

11 将皂液填满模子，保温 24 小时后，脱模晾皂。

12 将锅里剩余的皂液倒入模子里。

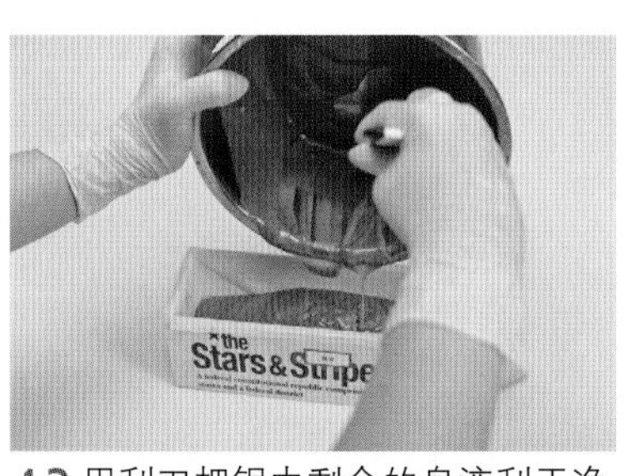

13 用刮刀把锅中剩余的皂液刮干净。

14 入模完成，保温 24 小时。

15 切皂（详见 P.75），完成。

【地肤子清洁亲肤皂】

制皂过程

配方：

椰子油	125g
棕榈油	125g
橄榄油	250g
（总油重	500g）
氢氧化钠	74g
纯水	150g
地肤子粉	5g

《小提示》

地肤子常用于治疗皮肤湿热或风热，例如各种湿疹、痒疹等。

1 将油脂全部备好，一起放入锅内。

2 将调好的碱水倒入锅中（调碱水方式，请见 P.38 步骤 3、4）。

3 用打蛋器搅拌，约 30 分钟。

4 皂液打成像美乃滋的状态。

制皂过程

5 将准备好的地肤子粉，缓缓加入皂液里。

6 地肤子粉全部加入皂液中后，开始搅拌。

7 搅拌均匀。

8 将精油一一加入，搅拌均匀。

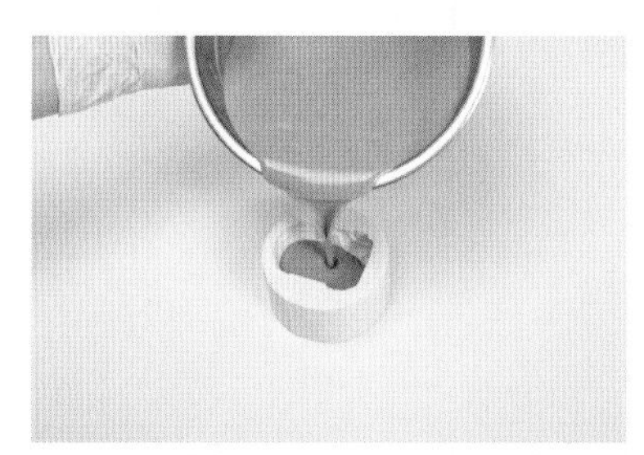

9 将皂液徐徐地倒入硅胶图案模子里。

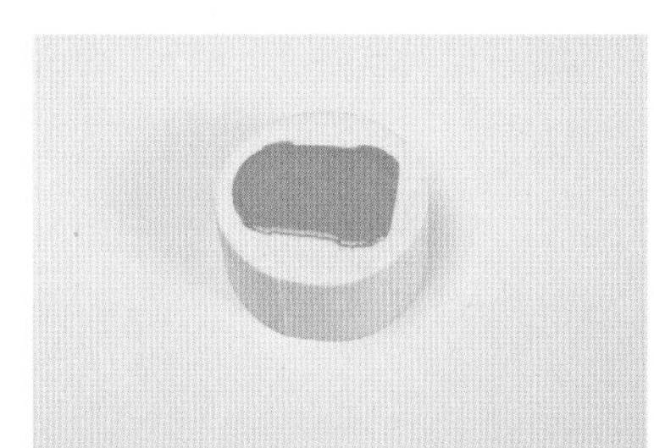

10 将皂液填满模子，保温 24 小时后，脱模晾皂。

11 将锅里剩余的皂液倒入木盒里。

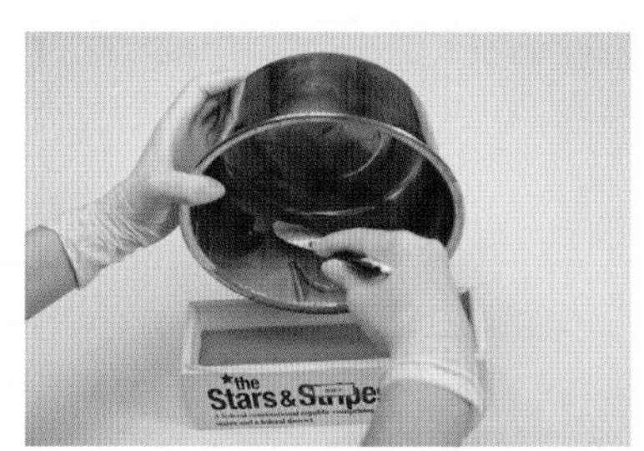

12 用刮刀把锅中剩余的皂液刮干净。

13 入模完成，保温 24 小时。

14 切皂（详见 P.75），完成。

【升麻抗敏消炎皂】

制皂过程

配方：

椰子油	110g
未精制乳油木果脂	190g
胡桃油	100g
椿油	100g
(总油重	500g)
氢氧化钠	75g
纯水	188g
升麻粉	5g

《小提示》

将升麻、槐花、桔梗、地榆做成泡澡包，可用于中药草本美容浴，能改善肌肤不适状况。

1 将油脂全部备好，一起放入锅内(调碱水方式，请见 P.38 步骤 3、4)。

2 先将油品升温到 40℃，至未精制乳油木果脂完全熔化为止。

3 将调好的碱水倒入锅中。

4 用打蛋器搅拌，约 30 分钟。

5 皂液打成像美乃滋的状态。

制皂过程

6 将准备好的升麻粉，缓缓加入皂液里。

7 搅拌均匀。

8 将已搅拌均匀的皂液，暂时先放一旁。

9 将精油一一加入，搅拌均匀。

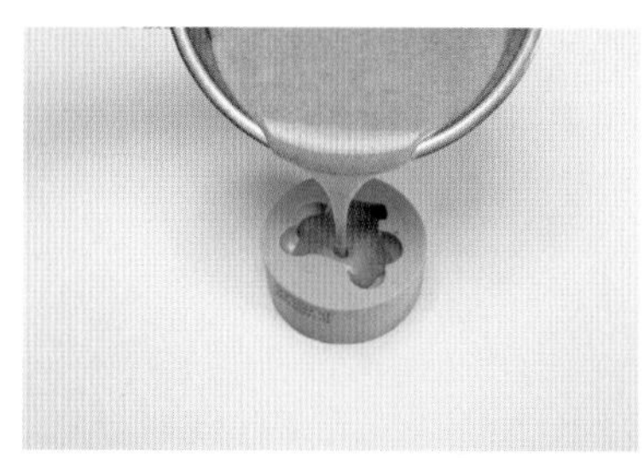

10 将皂液徐徐倒入硅胶图案模子里。

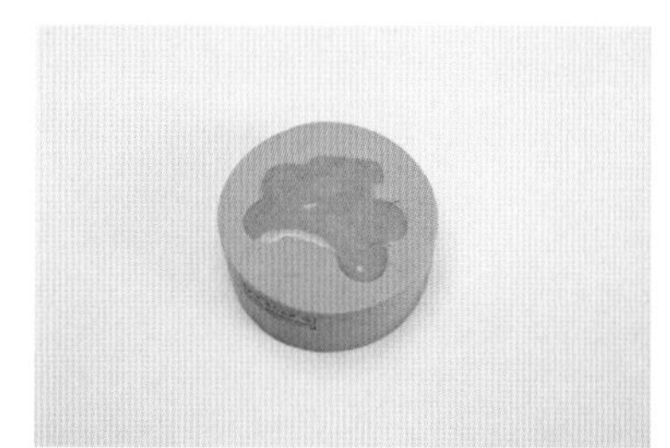

11 将皂液填满模子，保温 24 小时后，脱模晾皂。

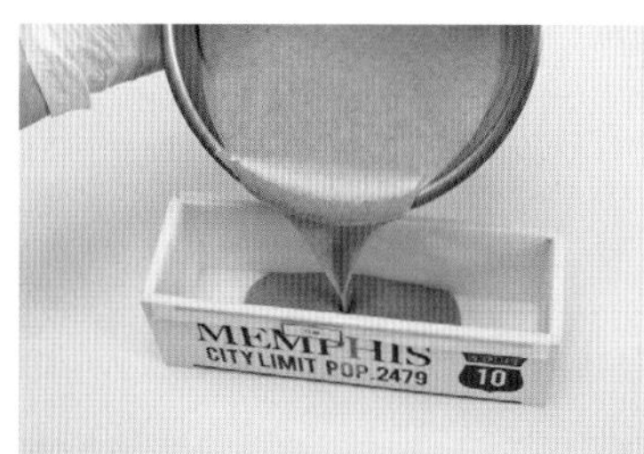

12 将锅里剩余的皂液倒入木盒里。

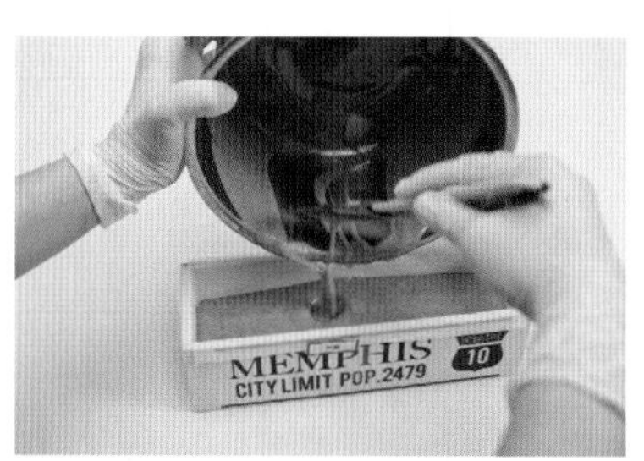

13 用刮刀把锅中剩余的皂液刮干净。

14 入模完成，保温 24 小时。

15 切皂（详见 P.75），完成。

【地榆抗敏舒缓皂】

配方：	
椰子油	100g
棕榈油	150g
橄榄油	150g
甜杏仁油	50g
酪梨油	50g
（总油重	500g）
氢氧化钠	75g
地榆水	148g

《小提示》

地榆因有抗菌之效，在中医美容上可改善青春痘、粉刺，促进痘痘伤口愈合，延缓皮肤老化及老年斑的产生。

制皂过程

1 将油脂全部备好，一起放入锅内。

2 将地榆水倒入氢氧化钠中（调碱水方式，请见 P.38 步骤 3、4）。

3 将碱水搅拌均匀，降温至 45℃备用。

4 将调好的碱水倒入锅中。

5 用打蛋器搅拌，约 30 分钟。

6 将皂液打成像美乃滋的状态。

7 将精油一一加入，搅拌均匀。

8 将皂液徐徐倒入硅胶图案模子里。

9 将皂液填满模子，保温 24 小时后，脱模晾皂。

10 将锅里剩余的皂液倒入模子里。

11 用刮刀把锅中剩余的皂液刮干净。

12 入模完成，保温 24 小时。最后切皂（详见 P.75），完成。

【枇杷叶舒缓抗老皂】

制皂过程

配方：

椰子油	100g
棕榈油	100g
未精制可可脂	50g
桃仁油	250g
(总油重	500g)
氢氧化钠	75g
枇杷叶水	150g
荷荷芭油	15g

《小提示》

枇杷叶对促进皮肤的新陈代谢、血液循环有帮助。可减缓皮肤发炎、预防痱子并能消除皮肤细纹。

1 将油脂全部备好，一起放入锅内加热熔化。枇杷叶先煎煮成枇杷叶水。

2 将枇杷叶水倒入氢氧化钠中（调碱水方式，请见 P.38 步骤 3、4）。

3 将碱水搅拌均匀，降温至 45℃备用。

4 将调好的碱水倒入锅中。

5 用打蛋器搅拌，约 30 分钟。

6 皂液打成像美乃滋的状态。

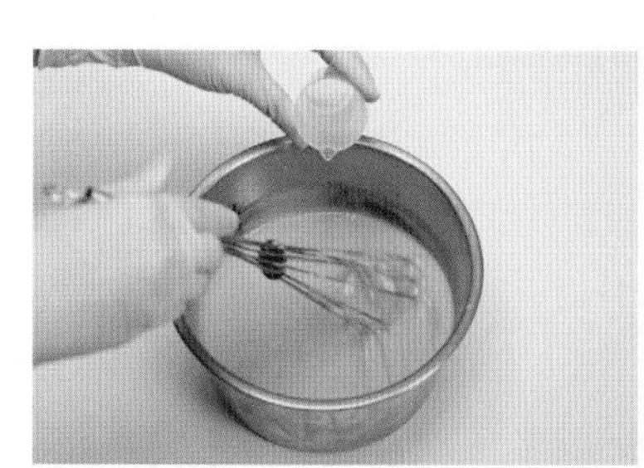

7 将精油一一加入，搅拌均匀。

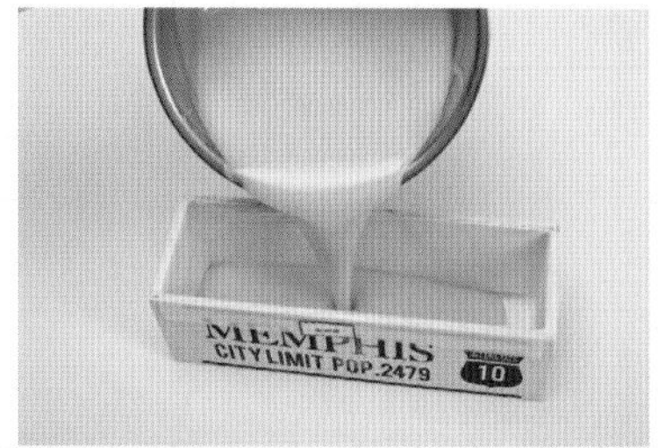

8 将皂液徐徐倒入模子里。

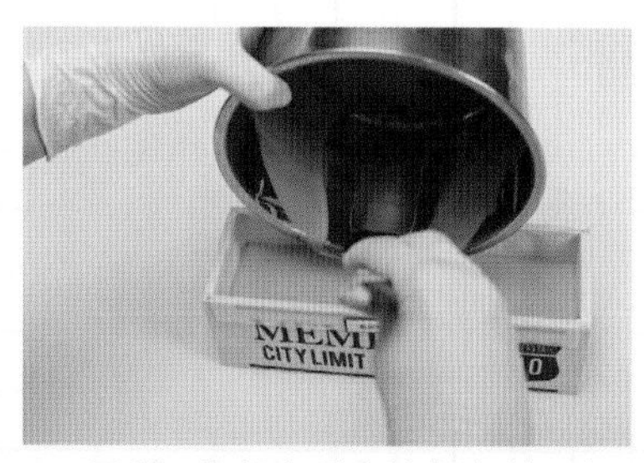

9 用刮刀把锅中剩余的皂液刮干净。

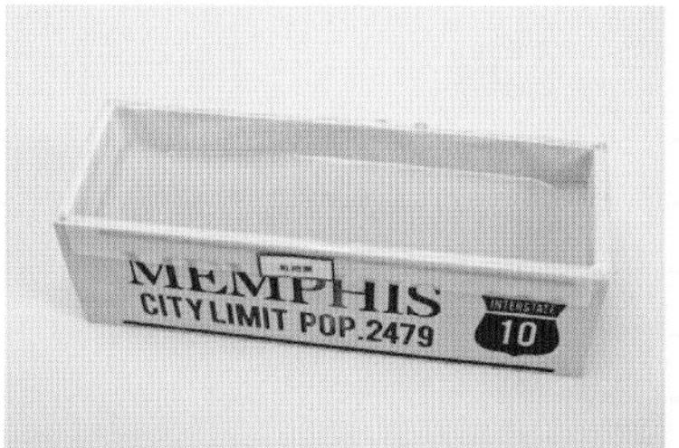

10 入模完成，保温 24 小时。最后切皂（详见 P.75），完成。

【白鲜皮止痒抗敏皂】

配方：

椰子油	75g
棕榈油	250g
未精制可可脂	100g
甜杏仁油	75g
(总油重	500g)
氢氧化钠	73g
白鲜皮水	183g

《小提示》

白鲜皮可抗真菌，具有治疗皮肤病的作用，有助舒缓皮肤瘙痒、眉发脱落等。

制皂过程

1 将所有的油脂全部备好，一起放入锅内加热熔化，白鲜皮先煎煮成白鲜皮水。

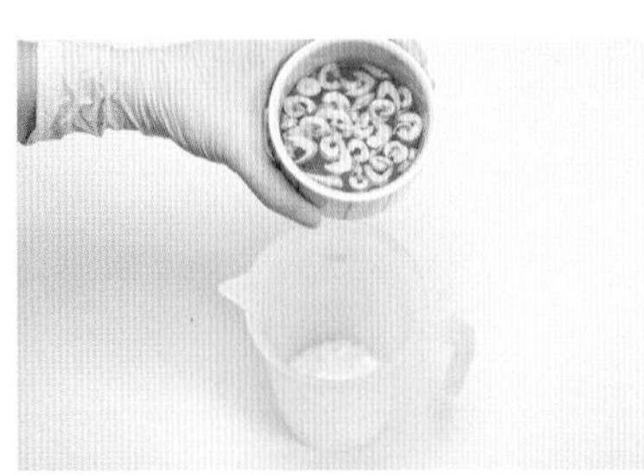

2 将白鲜皮水倒入氢氧化钠中（调碱水方式，请见 P.38 步骤 3、4）。

3 调好的碱水，放在一旁，降温至 45℃备用。

4 将调好的碱水倒入锅中。

5 用打蛋器搅拌，约 30 分钟。

6 皂液打成像美乃滋的状态。

7 将精油一一加入，搅拌均匀。

8 将皂液徐徐倒入模子里。

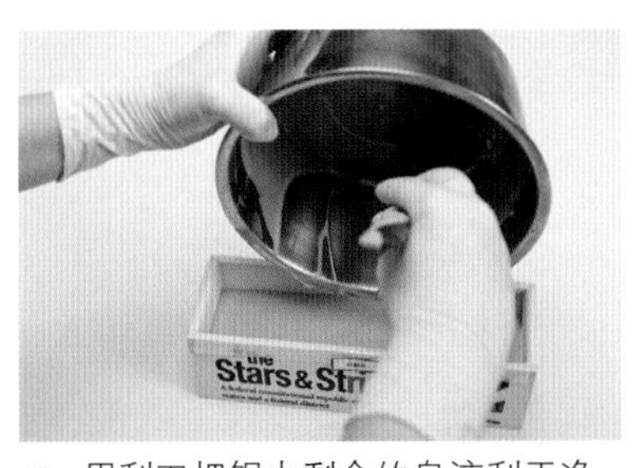

9 用刮刀把锅中剩余的皂液刮干净。

10 入模完成，保温 24 小时。最后切皂（详见 P.75），完成。

NO. 16

【山栀子净肤养颜皂】

配方：

椰子油	75g
棕榈油	75g
橄榄油	350g
(总油重	500g)
氢氧化钠	73g
纯水	215g
山栀子粉	5g

《小提示》

山栀子可用于治疗疮疡肿毒、跌打损伤，有凉血解毒、消肿止痛之效，又可用于治疗热毒疮疡、红肿热痛，多配银花、连翘、蒲公英等药。

制皂过程

1 将纯水 215g，装盛于量杯中。

2 将氢氧化钠 73g 准备好，待用（调碱水方式，请见 P.38 步骤 3、4）。

3 将所有的油脂全部备好，一起放入锅内。

4 将碱水缓缓倒入油脂锅里。

5 用打蛋器搅拌，约 30 分钟。皂液打成像美乃滋的状态。

6 将准备好的山栀子粉，缓缓加入皂液里。

7 开始搅拌。

8 搅拌均匀后，将皂液暂时放置一旁。

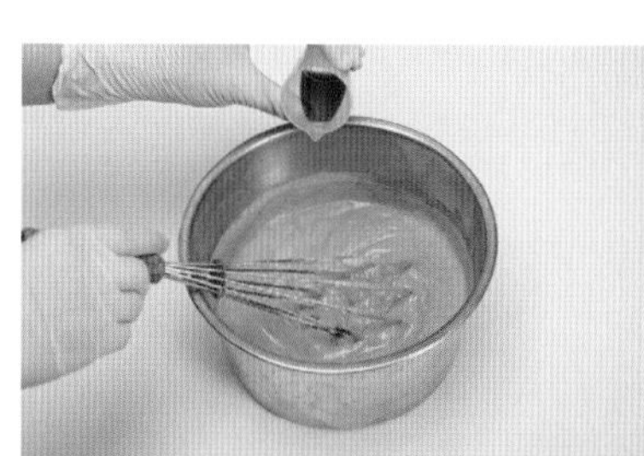

9 将精油一一加入，充分搅拌。

10 将皂液徐徐倒入模子里。

11 用刮刀把锅中剩余的皂液刮干净。

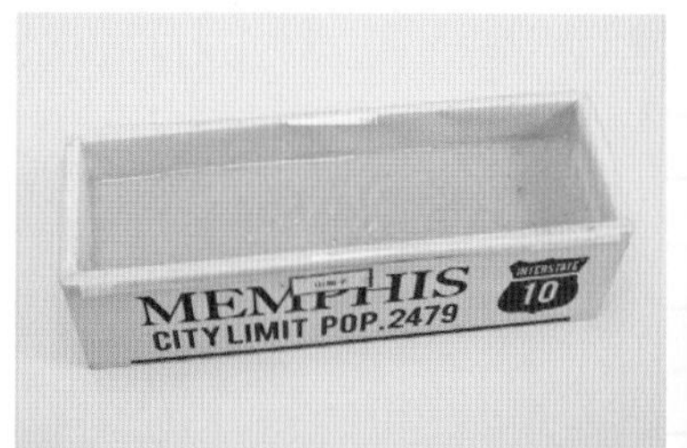

12 入模完成，保温 24 小时。最后切皂（详见 P.75），完成。

【蛇床子抗菌手工皂】

《小提示》

蛇床子有抗菌、镇痛之效。

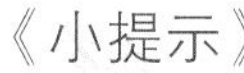

配方：

椰子油	100g
棕榈油	250g
橄榄油	75g
玄米油	75g
(总油重	500g)
氢氧化钠	78g
纯水	229g
蛇床子粉	5g

制皂过程

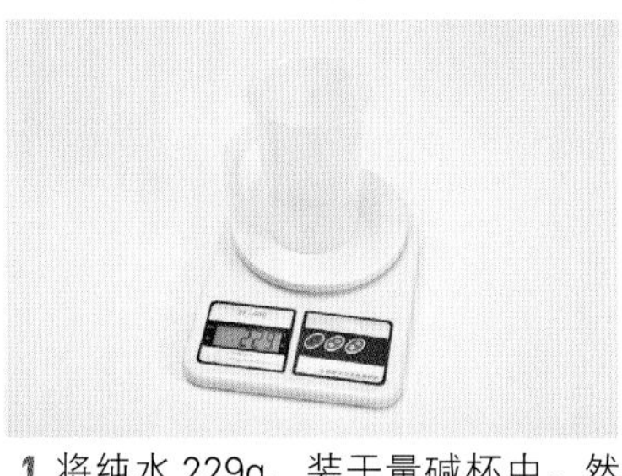

1 将纯水 229g，装于量碱杯中。然后加入氢氧化钠中调成碱水（调碱水方式，请见 P.38 步骤 3、4）。

2 将所有的油脂全部备好，一起放入锅内。

3 将调好的碱水倒入锅中。

4 开始搅拌，搅拌 30 分钟后，皂液会明显地像美乃滋的感觉。

5 将准备好的蛇床子粉，缓缓加入皂液里。

6 充分搅拌。

7 将已搅拌均匀的皂液，暂时放置一旁。

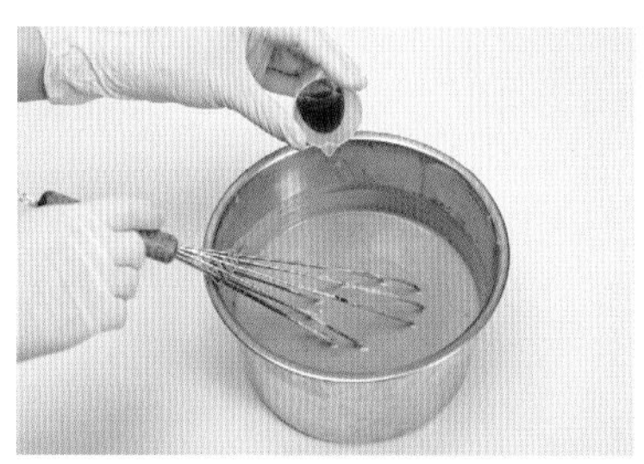

8 将精油一一加入，搅拌均匀。

9 将皂液徐徐倒入模子里。

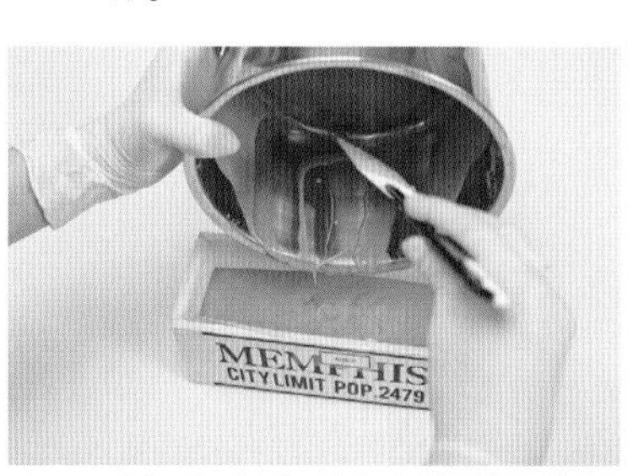

10 用刮刀把锅中剩余皂液刮干净。

11 入模完成，保温 24 小时。最后切皂（详见 P.75），完成。

【淮山药保湿修护皂】

制皂过程

配方：

椰子油	125g
乳油木果脂	50g
橄榄油	225g
大麻籽油	100g
(总油重	500g)
氢氧化钠	74g
纯水	185g
淮山药粉	5g
琉璃苣油	15g
广藿香精油	5mL
血橙精油	5mL

《小提示》

淮山药的好处很多，加上薏仁煮成粥，也是一味消肿排湿的药膳良方。

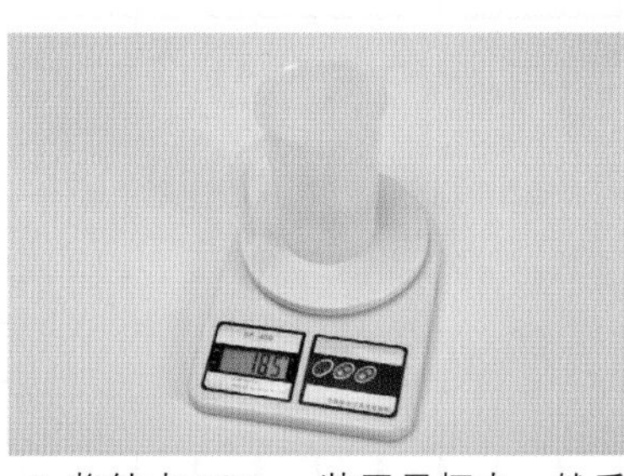

1 将纯水 185g，装于量杯中。然后加入氢氧化钠调成碱水（调碱水方式，请见 P.38 步骤 3、4）。

2 将所有的油脂全部备好。

3 先将椰子油及乳油木果脂升温到 40℃，让乳油木果脂完全熔化。

4 倒入其他油脂。

5 将调好的碱水倒入锅中。

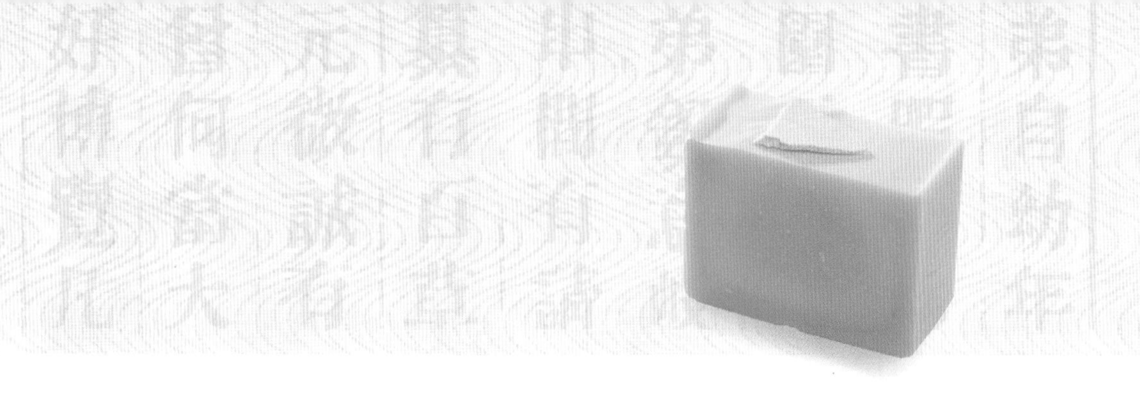

6 开始搅拌，搅拌 30 分钟后，皂液会明显地像美乃滋的感觉。

7 将准备好的淮山药粉，缓缓加入皂液里。

8 充分搅拌。

9 将已搅拌均匀的皂液，暂时放置一旁。

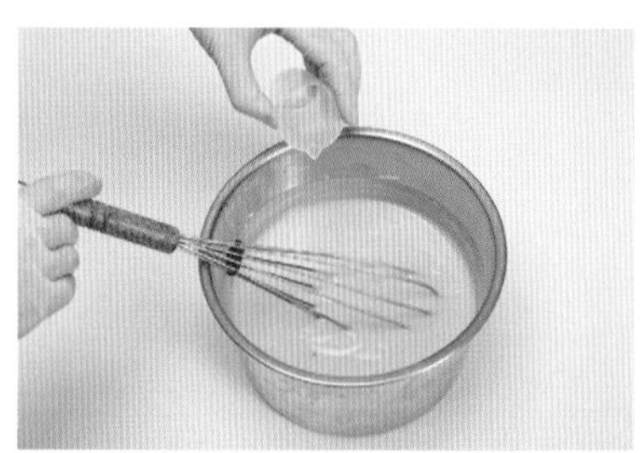

10 将精油一一加入，充分搅拌。

11 将皂液徐徐倒入模子里。

12 用刮刀把锅中剩余的皂液刮干净。

13 入模完成，保温 24 小时。

14 切皂（详见 P.75），完成。

NO. 19

【天门冬抗黑手工皂】

制皂过程

配方：

配方	
椰子油	90g
棕榈油	90g
橄榄油	170g
玄米油	50g
榛果油	50g
甜杏仁油	50g
(总油重	500g)
氢氧化钠	73g
纯水	160g
天门冬粉	5g
乳香精油	5mL
玫瑰草精油	5mL

《小提示》

中药美容医学研究表明，天门冬因有滋阴润燥之用，对皮肤的保湿及预防皱纹产生有较好效果。

1 将所有的油脂全部备好（调碱水方式，请见 P.38 步骤 3、4）。

2 将所有油脂放入锅中。

3 将调好的碱水倒入锅中。

4 皂液打成像美乃滋的状态。

5 将准备好的天门冬粉，缓缓加入皂液里。

6 充分搅拌。

7 将精油一一加入，搅拌均匀。

8 将皂液徐徐倒入模子里。

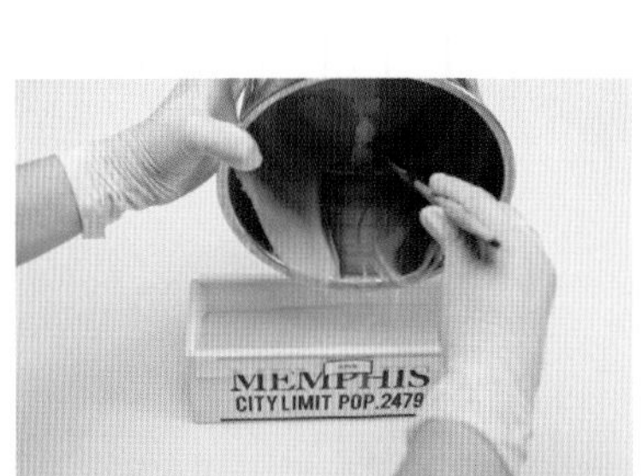

9 用刮刀把锅中剩余皂液刮干净。

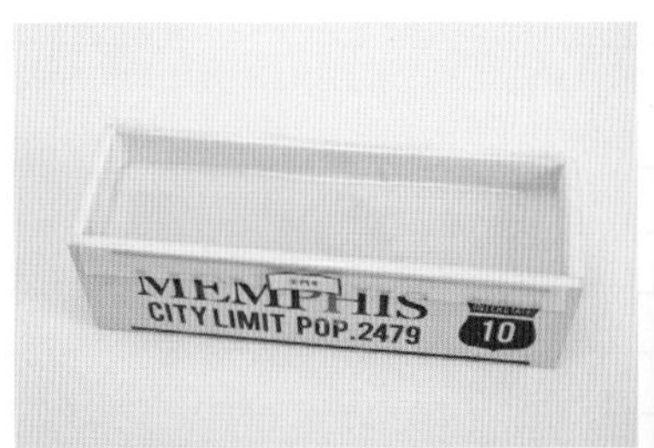

10 入模完成，保温 24 小时。最后切皂（详见 P.75），完成。

【百合保湿活肤皂】

《小提示》

百合加上红枣煮粥，可养血安神、润肤养颜，是女性朋友促进皮肤新陈代谢的良方。

配方：

椰子油	120g
桃仁油	175g
酪梨油	175g
蜜蜡	30g
(总油重	500g)
氢氧化钠	73g
纯水	144g
百合粉	5g
丝柏精油	5mL
甜橙精油	5mL
薰衣草精油	5mL

制皂过程

1 将所有的油脂全部备好（调碱水方式，请见 P.38 步骤 3、4）。

2 先将油品升温到 70℃，让蜜蜡完全熔化，降温至 45℃备用。

3 将调好的碱水倒入锅中。

4 用打蛋器搅拌，约 30 分钟。

5 皂液打成像美乃滋的状态。

6 将准备好的百合粉，缓缓加入皂液里。

7 将精油一一放入，充分搅拌。

8 将皂液徐徐倒入硅胶图案模子里。

9 将皂液填满，即完成。

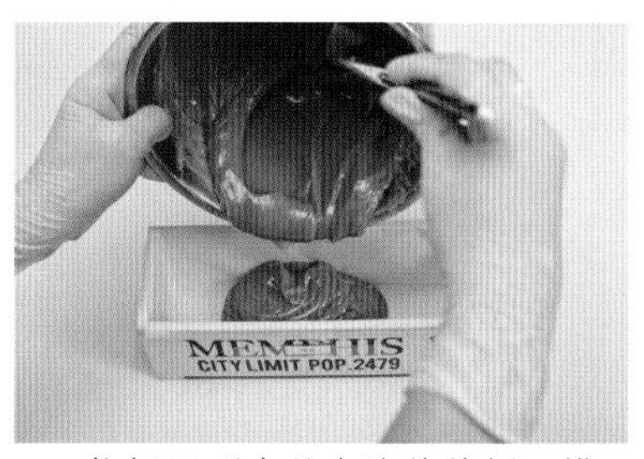

10 将锅里剩余的皂液徐徐倒入模子里，再用刮刀将锅里皂液刮干净。

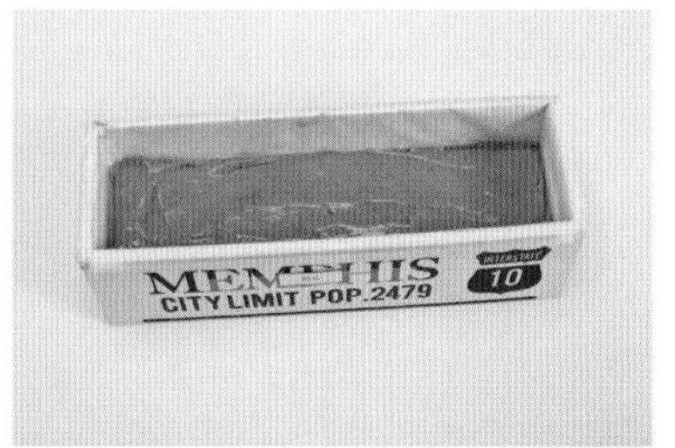

11 入模完成，保温 24 小时。最后切皂（详见 P.75），完成。

NO. 21

【茯苓深层润肤美白皂】

制皂过程

配方：

椰子油	140g
榛果油	130g
未精制乳油木果脂	100g
澳洲胡桃油	130g
(总油重	500g)
氢氧化钠	74g
纯水	148g
黑种草油	15g
茯苓粉	5g
香脂精油	5mL
洋甘菊精油	5mL

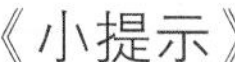

《小提示》

茯苓可延缓肌肤老化、洁白肌肤，使肌肤纹理细致有弹性。因此不管外敷内服皆有美白肌肤的效果，并可让肌肤水嫩有光泽。

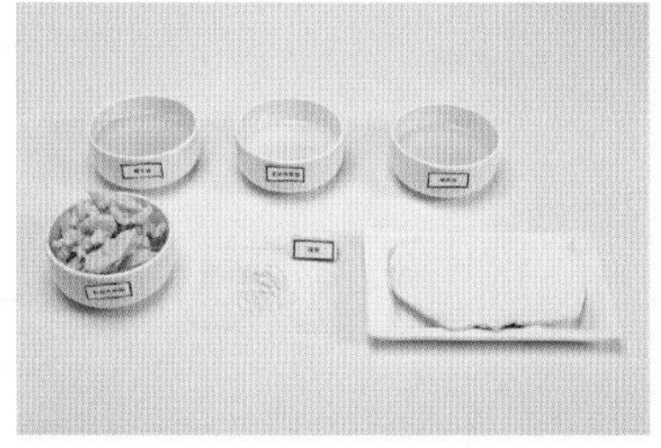

1 将所有的油脂全部备好，一起放入锅内加热熔化（调碱水方式，请见 P.38 步骤 3、4）。

2 将调好的碱水倒入锅中。

3 用打蛋器搅拌，约 30 分钟。

4 皂液打成像美乃滋的状态。

5 将准备好的茯苓粉，缓缓加入皂液里。

6 充分搅拌。

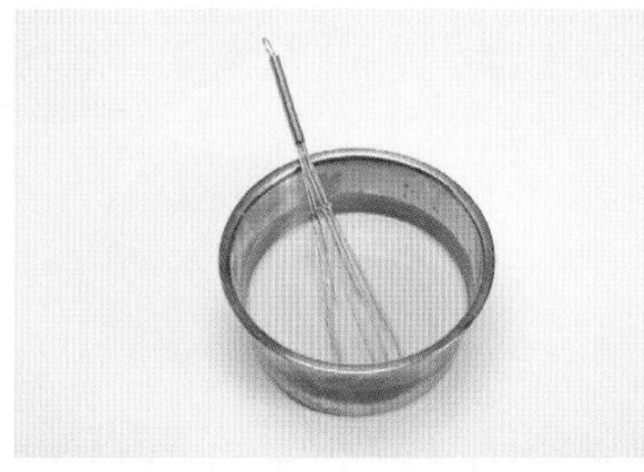

7 将已搅拌均匀的皂液，暂时放置一旁。

8 将精油一一加入，搅拌均匀。

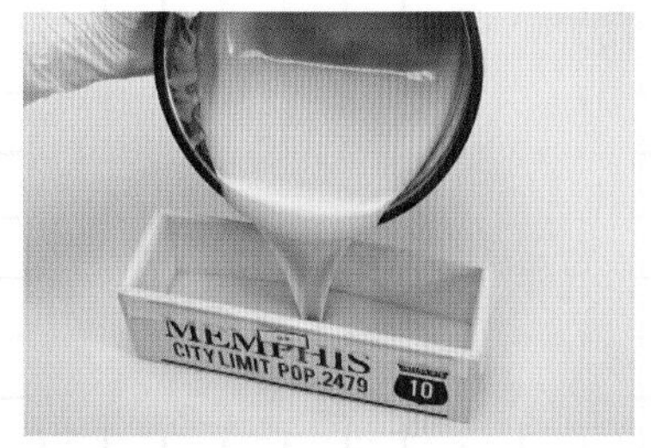

9 将皂液徐徐倒入模子里。

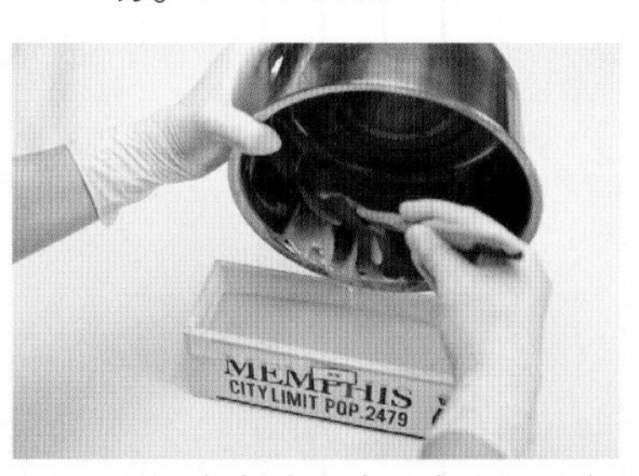

10 用刮刀把锅中剩余的皂液刮干净。

11 入模完成，保温 24 小时。最后切皂（详见 P.75），完成。

【白蒺藜美颜柔肤皂】

《小提示》

现代医学研究，白蒺藜含有多种生物碱和过氧化物成分，可延缓皮肤老化。

配方：

椰子油	100g
白蒺藜浸泡棕榈油	100g
未精制乳油木果脂	100g
玫瑰果油	100g
蓖麻油	100g
(总油重	500g)
氢氧化钠	73g
纯水	146g
樱桃油	15g
花梨木精油	5mL
葡萄柚精油	5mL

制皂过程

1 将所有的油脂全部备好，一起放入锅内加热熔化（调碱水方式，请见 P.38 步骤 3、4）。

2 将调好的碱水倒入锅中。

3 用打蛋器搅拌，约 30 分钟。

4 皂液打成像美乃滋的状态。

5 将精油一一加入，充分搅拌。

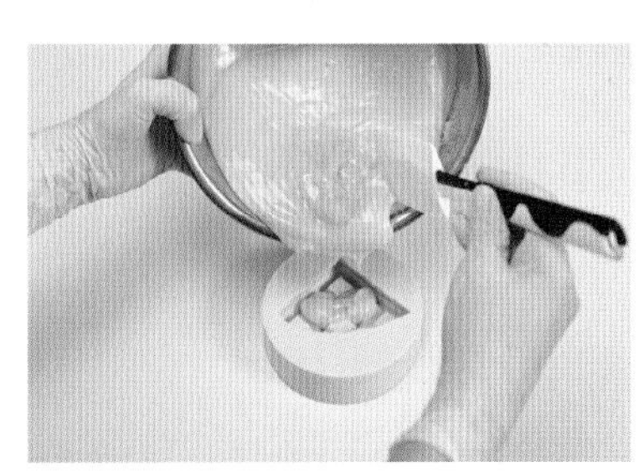

6 将皂液徐徐倒入硅胶图案模子里。

7 将皂液填满，静置晾皂即可。

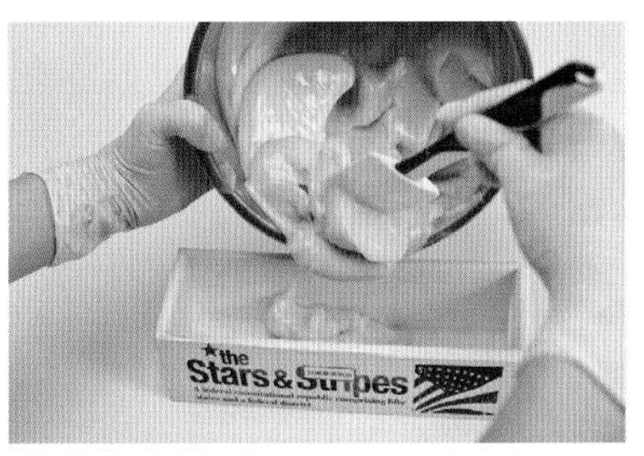

8 将锅里剩余的皂液直接倒入模子里，再利用刮刀将皂液刮平整即可。

9 入模完成，保温 24 小时。最后切皂（详见 P.75），完成。

【桔梗深层保湿皂】

制皂过程

配方：

椰子油	120g
桔梗棕榈浸泡油	175g
夏威夷果油	175g
桃仁油	30g
(总油重	500g)
氢氧化钠	75g
纯水	150g
荷荷芭油	15g
安息香精油	5mL
橙花精油	5mL

《小提示》

桔梗含有大量远志酸、桔梗素……对表皮癣菌有抑制功效。中医美容医学上，与当归合用，可改善面部色斑。

1 将所有的油脂全部备好，一起放入锅内（调碱水方式，请见 P.38 步骤 3、4）。

2 将调好的碱水倒入锅中。

3 用打蛋器搅拌，约 30 分钟。

4 皂液打成像美乃滋的状态。

5 将精油一一加入，充分搅拌。

6 将皂液徐徐倒入模子里。

7 用刮刀把锅中剩余皂液刮干净。

8 入模完成，保温 24 小时。最后切皂（详见 P.75），完成。

【当归养颜抗皱皂】

配方：

椰子油	140g
冷压芝麻油	130g
未精制乳油木果脂	100g
桃仁油	130g
(总油重	500g)
氢氧化钠	75g
当归水	173g
薰衣草精油	5mL
天竺葵精油	5mL

《小提示》

当归对于皮肤美容有较好的效果，市面上有很多以当归萃取物制成的乳液、乳霜，当归还能促进头发生长，使头发乌黑柔顺。

制皂过程

1 将所有的油脂全部备好，一起放入锅内加热熔化。

2 将当归水倒入氢氧化钠中，搅拌均匀。降温至45℃备用。

3 先将油品升温到40℃，至未精制乳油木果脂完全熔化为止。

4 将调好的碱水倒入锅中（调碱水方式，请见 P.38 步骤 3、4）。

5 用打蛋器搅拌，约 30 分钟。

6 皂液打成像美乃滋的状态。

7 将精油一一加入，充分搅拌。

8 将皂液徐徐倒入硅胶图案模子里。

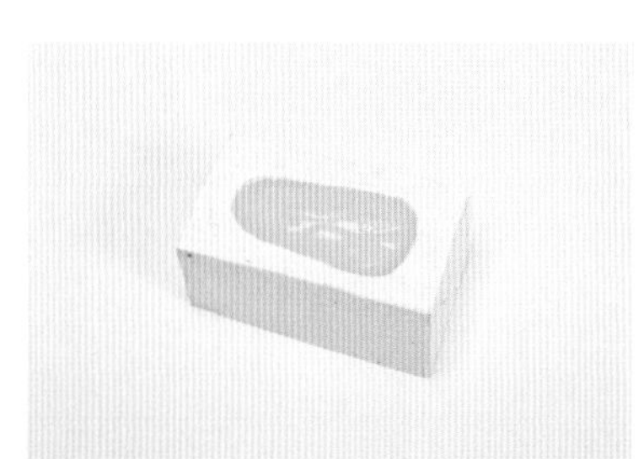

9 将皂液填满，静置晾皂即可。

10 将锅里剩余的皂液直接倒入模子里。

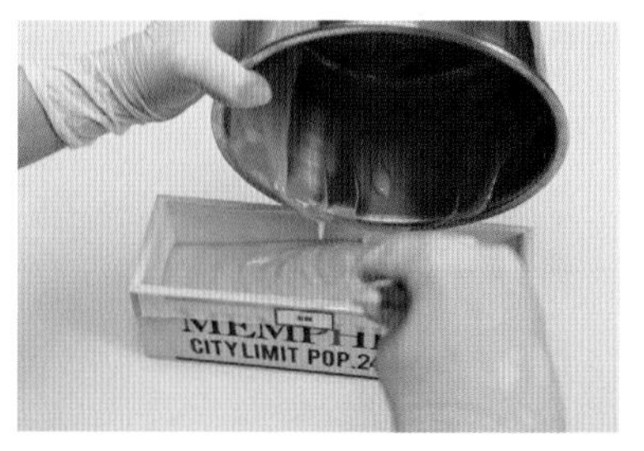

11 用刮刀把锅中剩余的皂液刮干净。

12 入模完成，保温 24 小时。最后切皂（详见 P.75），完成。

【槐花去头屑养发皂】

配方：

棕榈油	150g
蓖麻油	200g
未精制乳油木果脂	150g
(总油重	500g)
氢氧化钠	74g
纯水	150g
槐花粉	5g
佛手柑精油	5mL
雪松精油	5mL

《小提示》

槐花含芸香苷、白桦脂醇、槐花二醇，可使皮肤细致，在中医美容上亦有使皮肤保湿之效。

1 将所有的油脂全部备好，一起放入锅内（调碱水方式，请见 P.38 步骤 3、4）。

2 先将油品升温到 42℃，至未精制乳油木果脂完全熔化。

3 将调好的碱水倒入锅中。

4 用打蛋器搅拌，约 30 分钟。

5 皂液打成像美乃滋的状态。

6 将准备好的槐花粉，缓缓加入皂液里。

7 将槐花粉全部加入皂液中。

8 搅拌均匀。

制皂过程

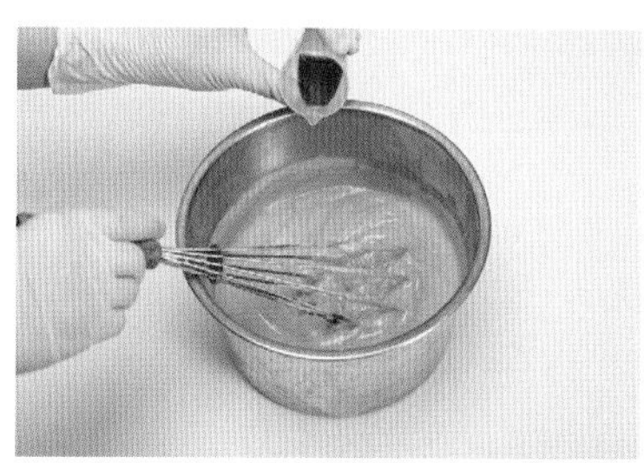

9 将精油一一加入，充分搅拌。

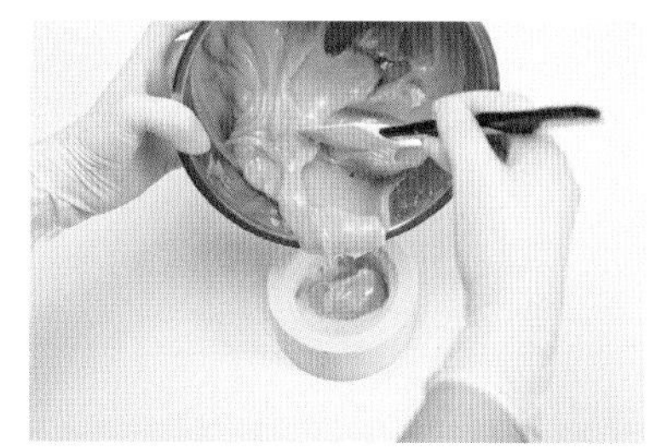

10 将皂液徐徐倒入硅胶图案模子里。

11 将模子两边往外扳，让皂液可以完全流入模子细部之处。

12 将皂液填满，保温 24 小时后脱模晾皂。

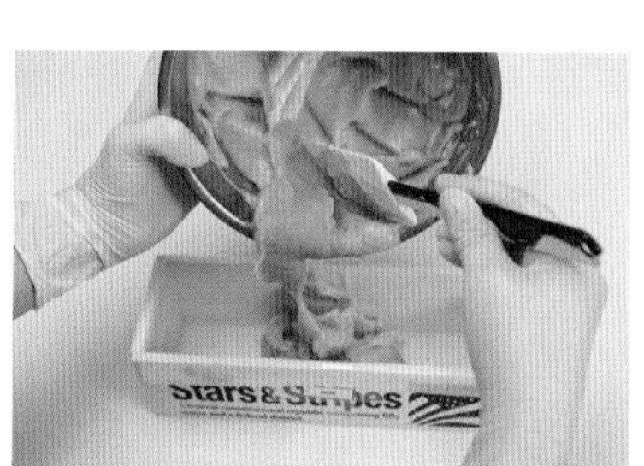

13 将锅里剩余的皂液直接倒入模子里。

14 入模完成，保温 24 小时。最后切皂（详见 P.75），完成。

NO. 26

【红花滋颜养发皂】

制皂过程

配方：

椰子油	150g
红花浸泡棕榈油	150g
橄榄油	100g
椿油	100g
(总油重	500g)
氢氧化钠	77g
纯水	177g
洋甘菊精油	5mL
快乐鼠尾草精油	5mL

《小提示》

红花除了滋颜养发，对改善眼部周围循环、消除黑眼圈亦有帮助。可将红花煎煮成水，用化妆棉蘸取敷于眼周。

1 将所有的油脂全部备好，一起放入锅内（调碱水方式，请见 P.38 步骤 3、4）。

2 将调好的碱水倒入锅中。

3 用打蛋器搅拌，约 30 分钟。

4 皂液打成像美乃滋的状态。

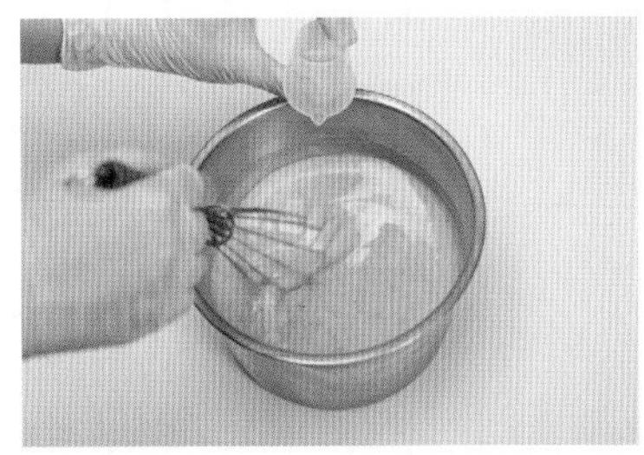

5 将精油一一加入，充分搅拌。

6 将皂液徐徐倒入硅胶图案模子里。

7 将皂液填满，保温 24 小时后，脱模晾皂。

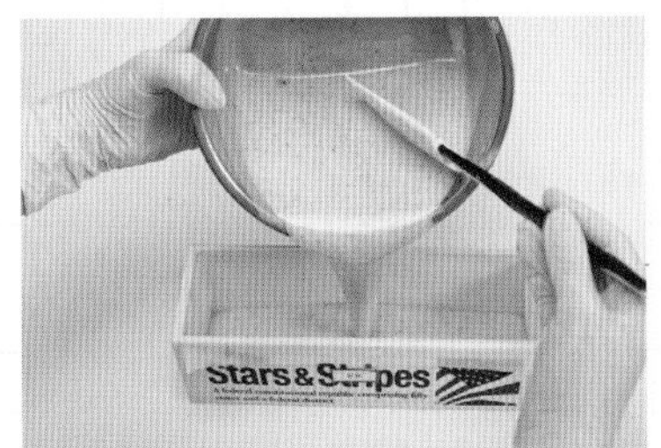

8 将锅里剩余的皂液直接倒入模子里。

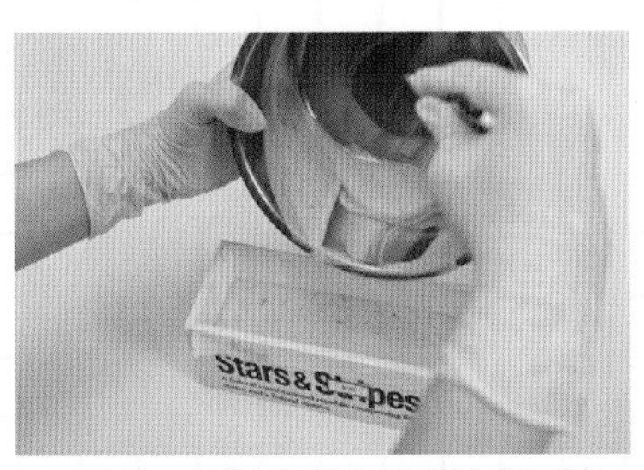

9 用刮刀把锅中剩余的皂液刮干净。

10 入模完成，保温 24 小时后，脱模晾皂。最后切皂（详见 P.75），完成。

【生地黄乌发润发皂】

配方：

椰子油	150g
生地黄浸泡棕榈油	150g
蓖麻油	100g
苦茶油	100g
(总油重	500g)
氢氧化钠	77g
纯水	177g
迷迭香精油	5mL
薄荷精油	5mL

《小提示》

生地黄搭配枸杞、人参制成药饮，是一个抗氧化、防衰老的保健良方。

制皂过程

1 将所有的油脂全部备好(调碱水方式，请见 P.38 步骤 3、4)。

2 将所有油脂放入锅中。

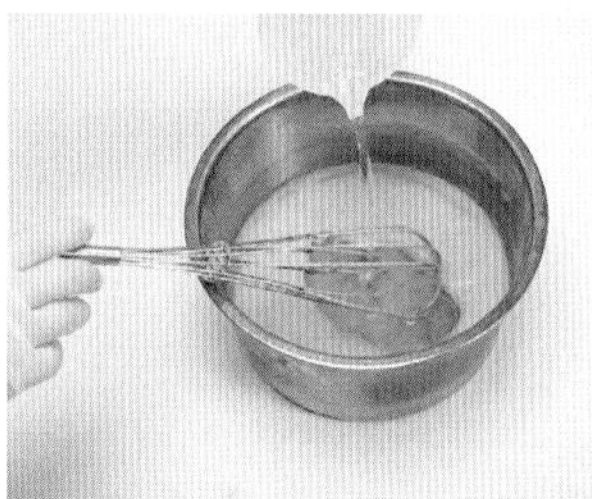

3 将调好的碱水倒入锅中。

4 用打蛋器搅拌，约 30 分钟。

5 皂液打成像美乃滋的状态。

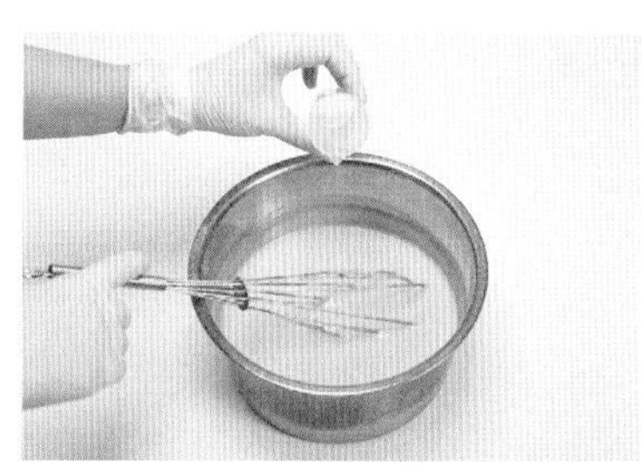

6 将精油一一加入，充分搅拌。

7 将皂液徐徐倒入模子里。

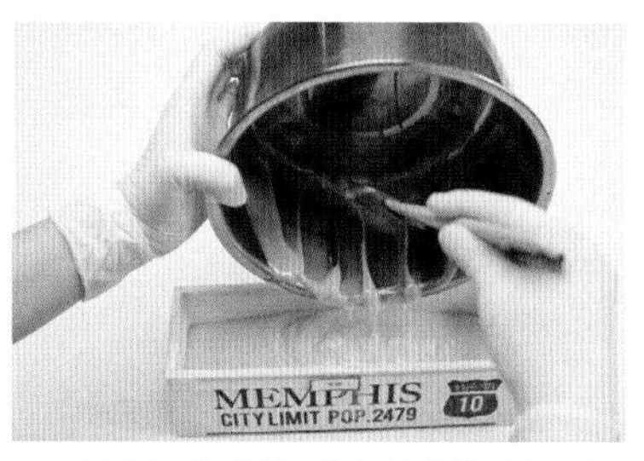

8 用刮刀把锅中剩余的皂液刮干净。

9 入模完成，保温 24 小时。最后脱模切皂(详见 P.75)，完成。

【桑叶柔发抗菌皂】

《小提示》

桑叶含有芸香素、槲皮素、矢车菊素及微量元素等，有消炎作用，能提高皮肤抵抗力，还可使头发更乌黑亮丽。

配方：

芝麻油	115g
蓖麻油	160g
未精制乳油木果脂	225g
(总油重	500g)
氢氧化钠	65g
桑叶水	130g
葡萄柚精油	5mL
茶树精油	5mL

制皂过程

1 将所有的油脂全部备好，一起放入锅内。干桑叶先煎煮成桑叶水。

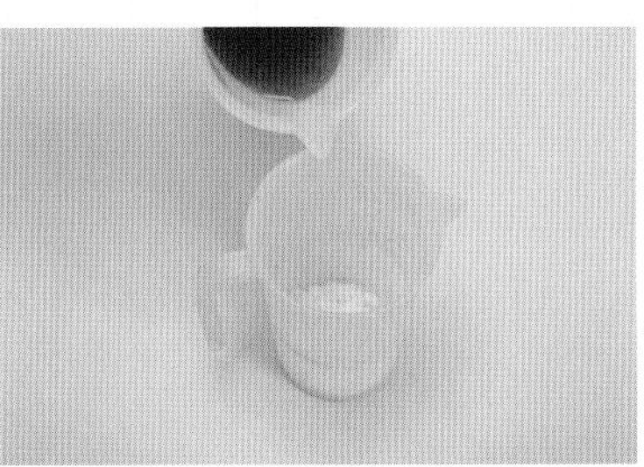

2 将桑叶水倒入氢氧化钠中（调碱水方式，请见 P.38 步骤 3、4）。

3 将碱水搅拌均匀，降温至 45℃备用。

4 将调好的碱水倒入锅中。

5 用打蛋器搅拌，约 30 分钟，皂液打成像美乃滋的状态。

6 将精油一一加入，充分搅拌。

7 将皂液徐徐倒入硅胶图案模子里。

8 将皂液填满，保温 24 小时后脱模晾皂。

9 将锅里剩余的皂液直接倒入模子里。

10 用刮刀把锅中剩余的皂液刮干净。

11 入模完成，保温 24 小时后，脱模晾皂。最后切皂（详见 P.75），完成。

【脱模、切皂】 A. 牛奶盒模具

1 保温24小时后，准备将制好的皂取出。

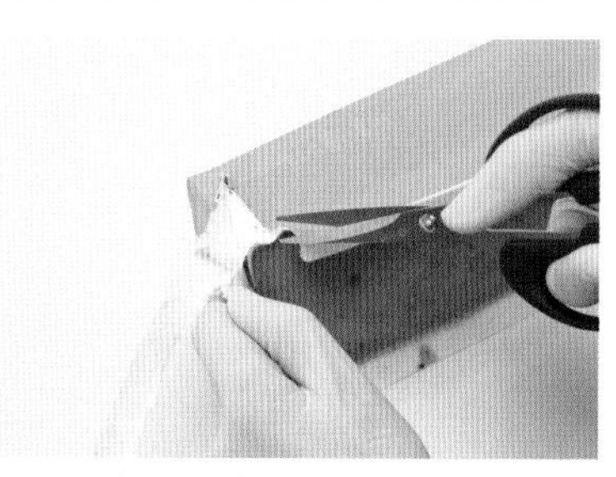

2 取皂的做法。

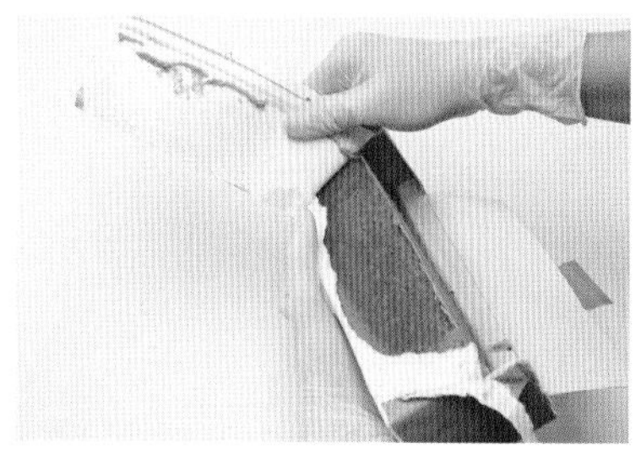

3 将切皂的砧板及刀准备好，将完整取出的皂放在砧板上。

4 用尺子量一下皂的长度，计算要平均切成几块。

5 将要切的尺寸在皂上面做个记号。一次将记号全部做好，才知道每块大小是否一致(本示范为每2.5cm为一块）。

6 从左边开始切，注意下刀姿势。

7 切好的皂是方方正正的，且每块大小都一致。

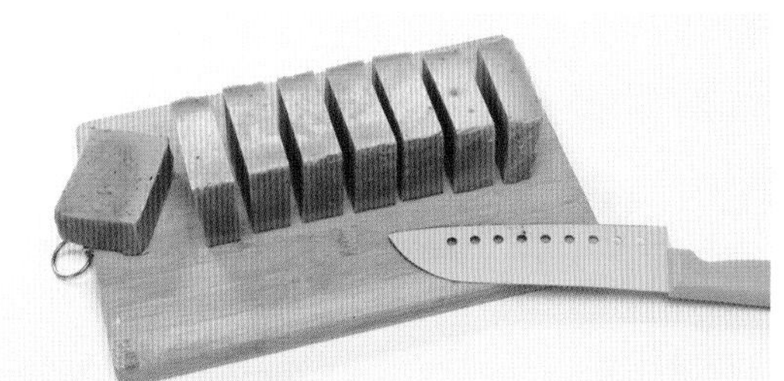

8 完成切皂后，放在室内阴凉通风处30～60天后即可使用（若要妥善保存或送人，可做包装处理，详见P.82）。

B.木盒模具

脱模、切皂过程

1 保温24小时后，准备将制好的皂取出。

2 先将四边的烘焙纸拉开，将皂取出。

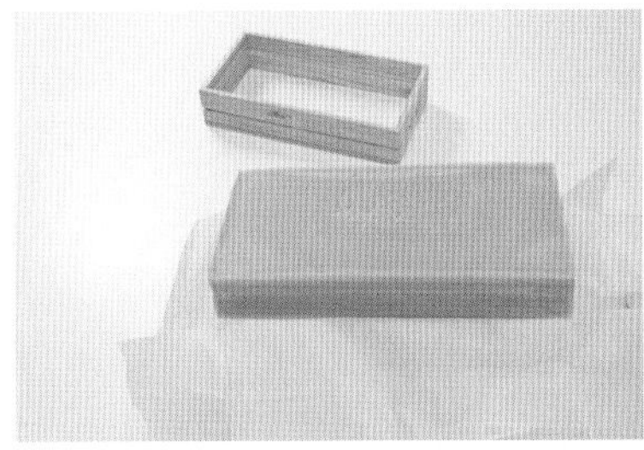

皂取出后，如果烘焙纸是完整的，可以重复利用。

3 量好长度尺寸，计算要平均切成几块。

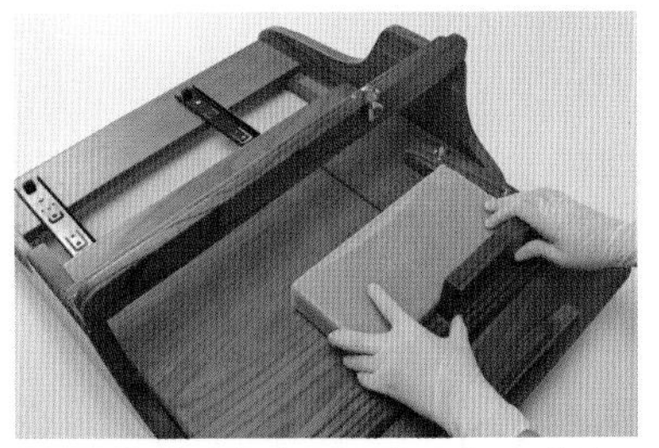

4 用大型的切皂器量好要切出的大小尺寸，把皂放在推盘上（右下角基准点对齐）。

5 轻轻将推盘往前送，利用钢丝切皂。

▲特写

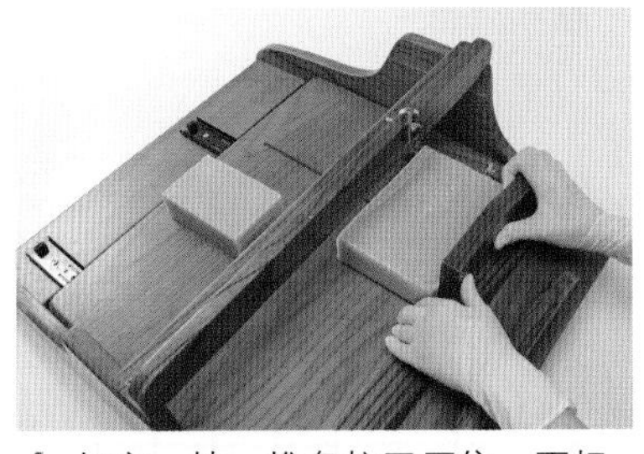

6 切完一块，推盘拉回原位，再把皂对齐基准点。

7 重复同样动作，将整条皂都一一切完。

8 用切皂器切出的香皂，每块都是一样的尺寸及重量。

9 完成切皂后，放在室内阴凉通风处晾皂，30天后即可使用。

【修皂、包覆】

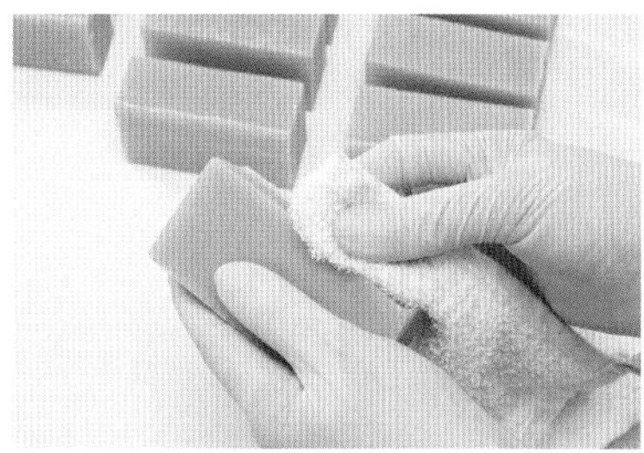

1 经过30天的成熟期后，就可将皂包覆收藏。
先将每块皂用湿毛巾擦拭修边。

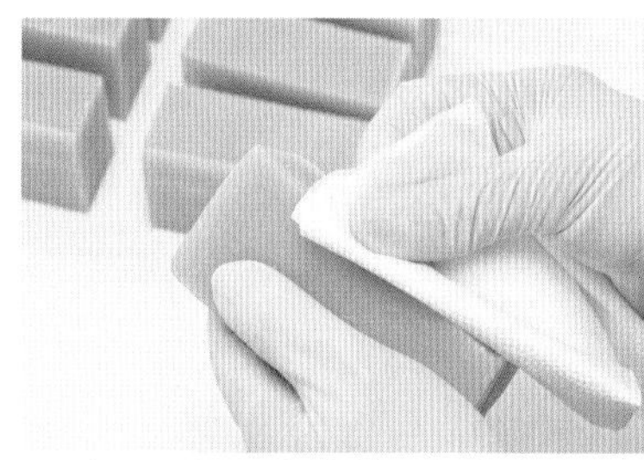

2 也可用湿纸巾擦拭，每个边擦到圆滑美观为止。

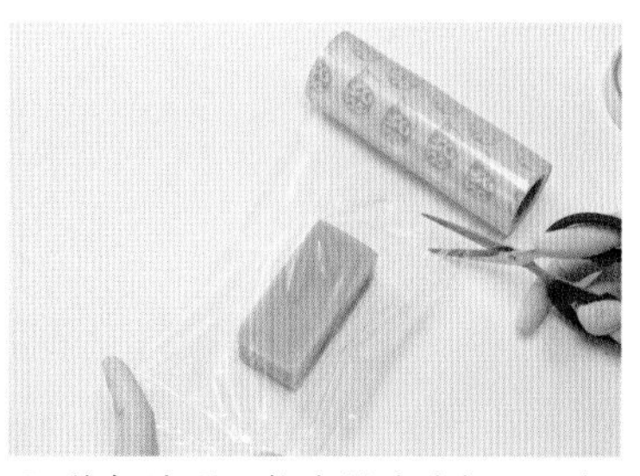

3 修好边后，将皂放在中间正面朝上，拉出保鲜膜所需的长度，准备进行包皂。

4 如图朝两边拉开保鲜膜。

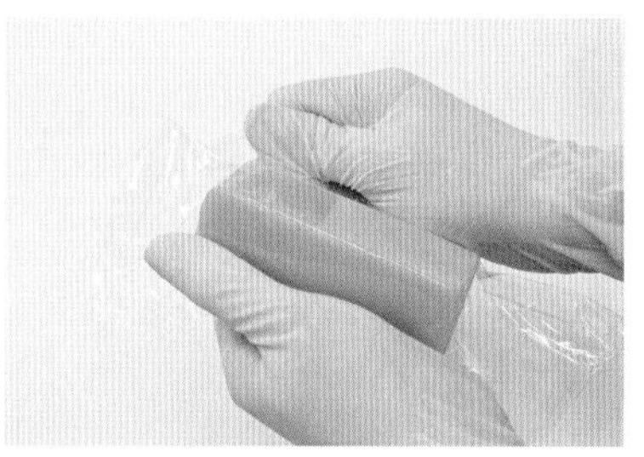

5 将保鲜膜拉紧，先包住皂的一面，再往侧边拉平。（保鲜膜具有弹性，务必将之拉平并贴紧皂的每一面。）

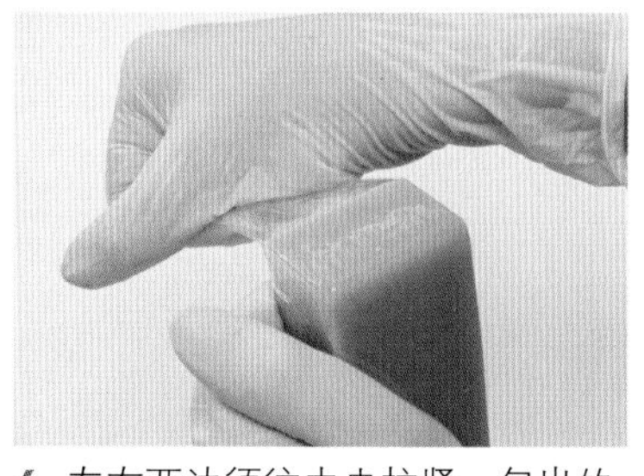

6 左右两边须往中央拉紧，包出的皂周围才不会有蜘蛛网的纹路，以免影响美观。

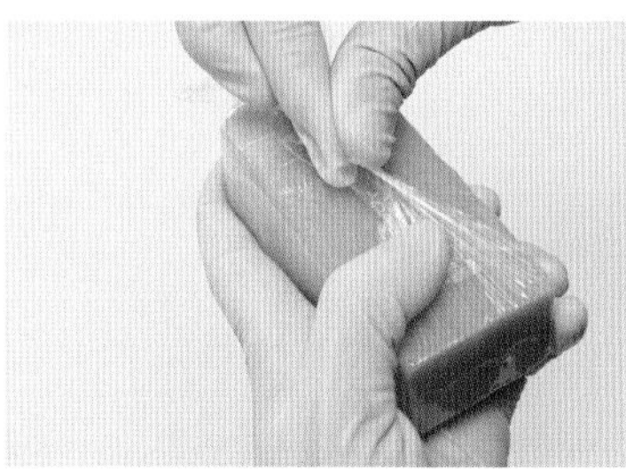

7 收尾处，尽量集中在底面的中间。

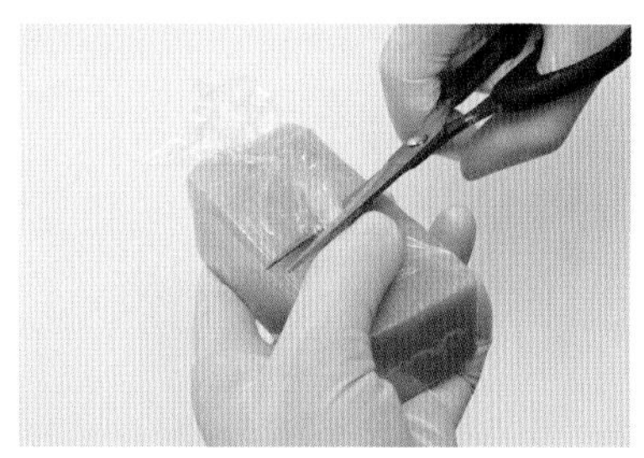

8 将多余的保鲜膜用剪刀剪掉，使其平整。

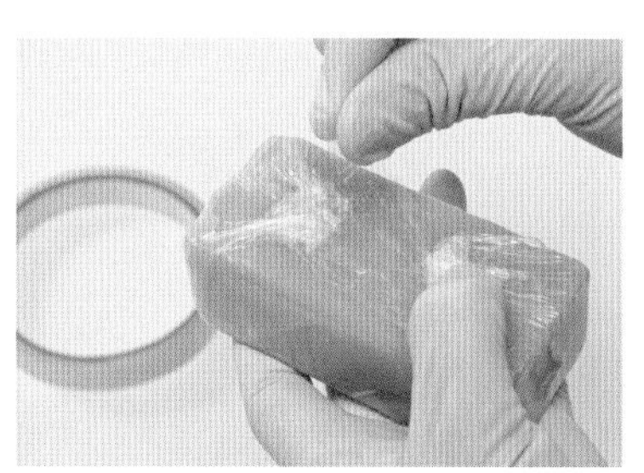

9 用胶带贴牢，防止保鲜膜翘起松脱。

10 包好如图。

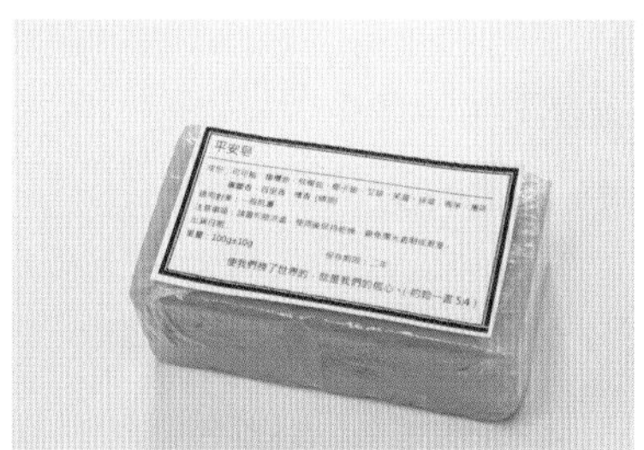

11 将制作好的标签(可注明产品名称、功效、制造日期等)贴上去，一块手工皂就完成啰！

【举一反三做自己的皂】

您已熟知做皂的方法了，现在就根据配方动手做吧！

【绿豆消暑甘凉皂】

配方：

椰子油	100g
棕榈油	100g
橄榄油	200g
玄米油	100g
（总油重	500g）
氢氧化钠	73g
纯水	146g
绿豆粉	5g
橙花精油	10mL
佛手柑精油	5mL
雪松精油	5mL

【紫草透疹解毒皂】

配方：

椰子油	50g
棕榈油	50g
紫草橄榄浸泡油	400g
（总油重	500g）
氢氧化钠	70g
纯水	140g

【参须温和滋补皂】

配方：

椰子油	75g
棕榈油	140g
橄榄油	110g
参须酪梨浸泡油	175g
（总油重	500g）
氢氧化钠	72g
纯水	144g

【莲子镇静回春皂】

配方：

椰子油	140g
棕榈油	120g
橄榄油	165g
甜杏仁油	75g
(总油重	500g)
氢氧化钠	76g
莲子水	175g
快乐鼠尾草精油	5mL
榄香脂精油	5mL

【何首乌黑须皂】

配方：

椰子油	70g
棕榈油	100g
蓖麻油	190g
苦茶油	140g
(总油重	500g)
氢氧化钠	71g
纯水	163g
何首乌粉	5g
肉桂精油	5mL
天竺葵精油	10mL

【艾草净身爽肤皂】

配方：

椰子油	100g
红棕榈油	75g
橄榄油	100g
大麻籽油	225g
(总油重	500g)
氢氧化钠	73g
纯水	110g
艾草粉	5g
艾草精油	5mL
桧木精油	5mL

【红枣补气养生皂】

配方：

椰子油	115g
棕榈油	130g
橄榄油	165g
亚麻仁油	90g
(总油重	500g)
氢氧化钠	74g
红枣水	148g
橙花精油	5mL
安息香精油	5mL

【桂花美人皎洁皂】

配方：

椰子油	100g
棕榈油	120g
橄榄油	90g
桂花甜杏仁浸泡油	190g
(总油重	500g)
氢氧化钠	74g
纯水	148g
桂花	5g
桂花精油	5mL
乳香精油	10mL

【薏仁消肿化湿皂】

配方：

椰子油	135g
棕榈油	115g
橄榄油	160g
榛果油	90g
(总油重	500g)
氢氧化钠	76g
纯水	190g
薏仁粉	5g
香脂精油	5mL
葡萄柚精油	10mL

【红米抗氧舒缓皂】

配方：

椰子油	125g
棕榈油	130g
橄榄油	135g
未精制乳油木果脂	110g
(总油重	500g)
氢氧化钠	74g
纯水	185g
红米粉	5g
玫瑰草精油	5mL
丝柏精油	5mL

【紫苏解热散寒皂】

配方：

椰子油	105g
棕榈油	150g
橄榄油	180g
紫苏月见草浸泡油	65g
(总油重	500g)
氢氧化钠	74g
纯水	185g
肉桂叶精油	5mL
马鞭草精油	10mL

【洛神抗老净化皂】

配方：

椰子油	85g
棕榈油	65g
橄榄油	140g
洛神浸泡椿油	210g
(总油重	500g)
氢氧化钠	73g
纯水	168g
柠檬薄荷精油	10mL
依兰依兰精油	5mL

【手工皂礼盒介绍】

※包装盒可购买现成的，也可以自己DIY。
本书附赠四款包装盒平面展开图，供读者参考。

正方形包装盒

正方形包装盒

天地盖包装盒

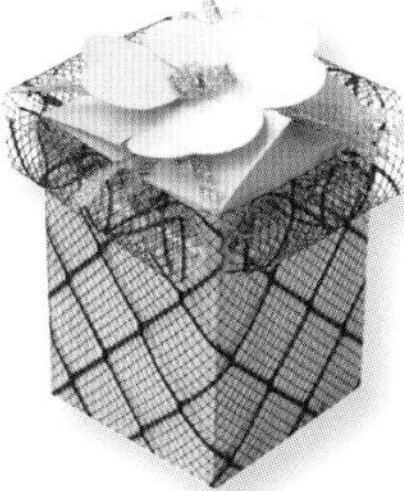
柱端变化包装盒

摇盖式包装盒

三立面包装盒

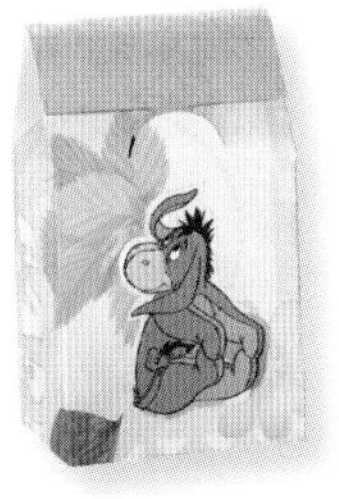
屋顶式包装盒

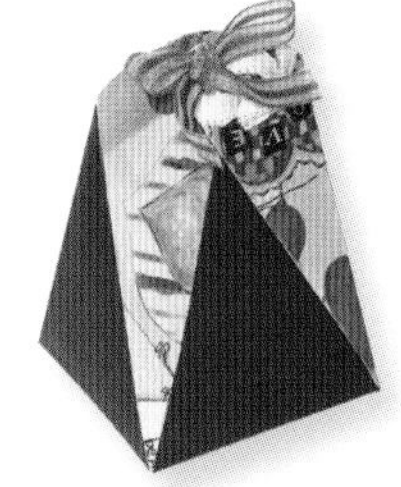
化妆品的包装盒

【礼盒DIY示范参考】

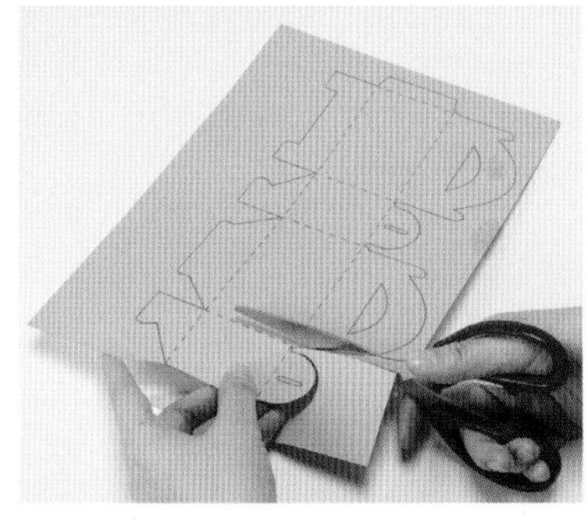
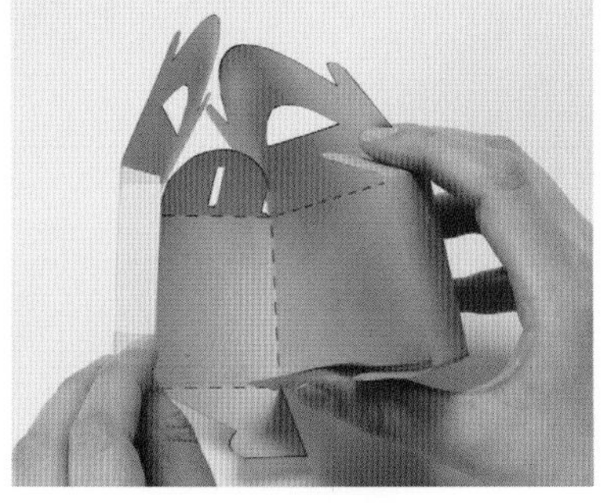

1 将“展开图”复印下来，或直接描画在选好的美术纸上。用剪刀或美工刀沿实线剪开或割开，有镂空处用美工刀割开较美观。

2 沿虚线折起来，在侧边留有约1cm的范围可以贴上双面胶。

3 小礼盒完成。盒外另做装饰即可。

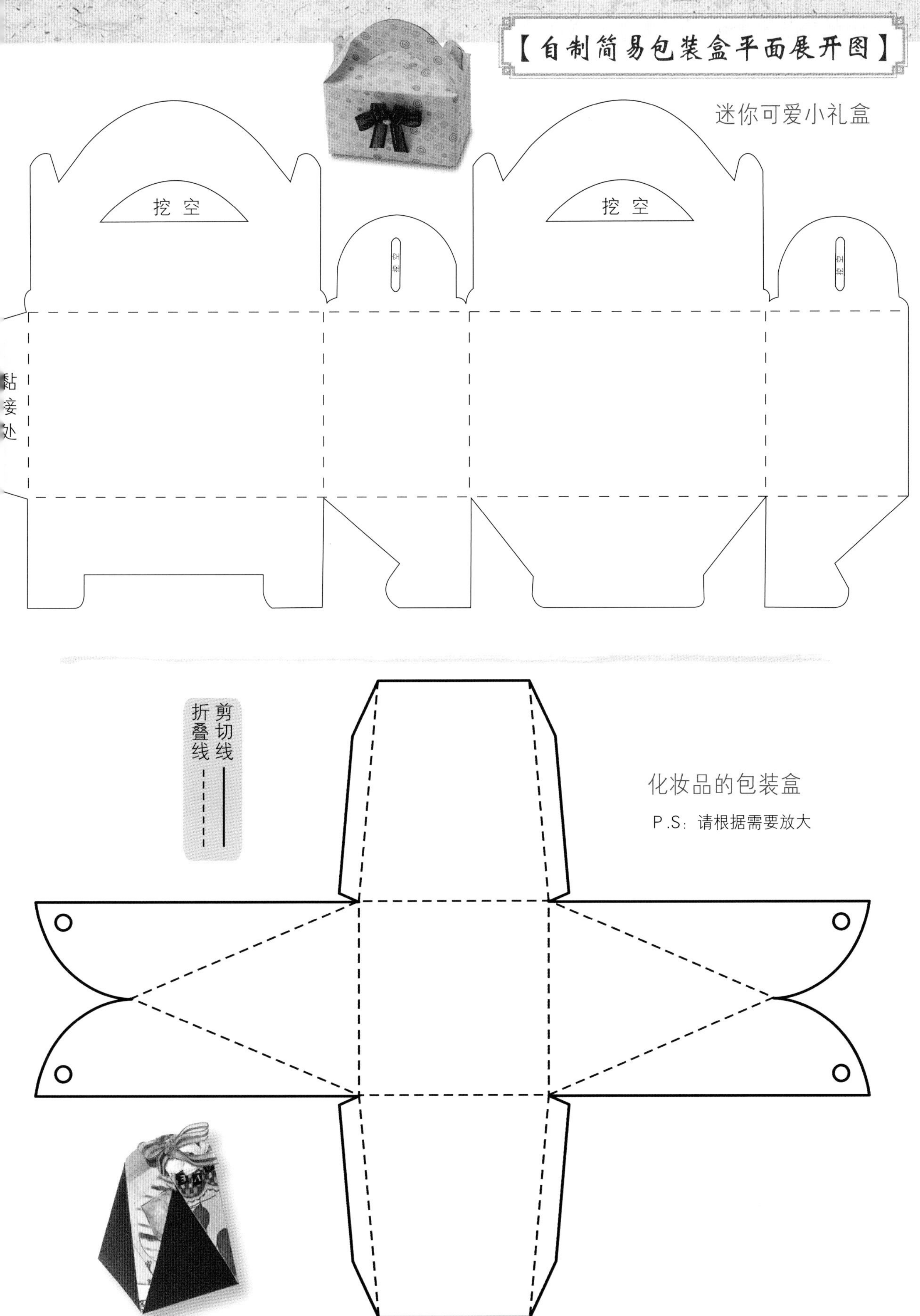
【自制简易包装盒平面展开图】
迷你可爱小礼盒
挖 空
挖 空
挖空
挖空
粘接处
剪切线
折叠线
化妆品的包装盒
P.S：请根据需要放大

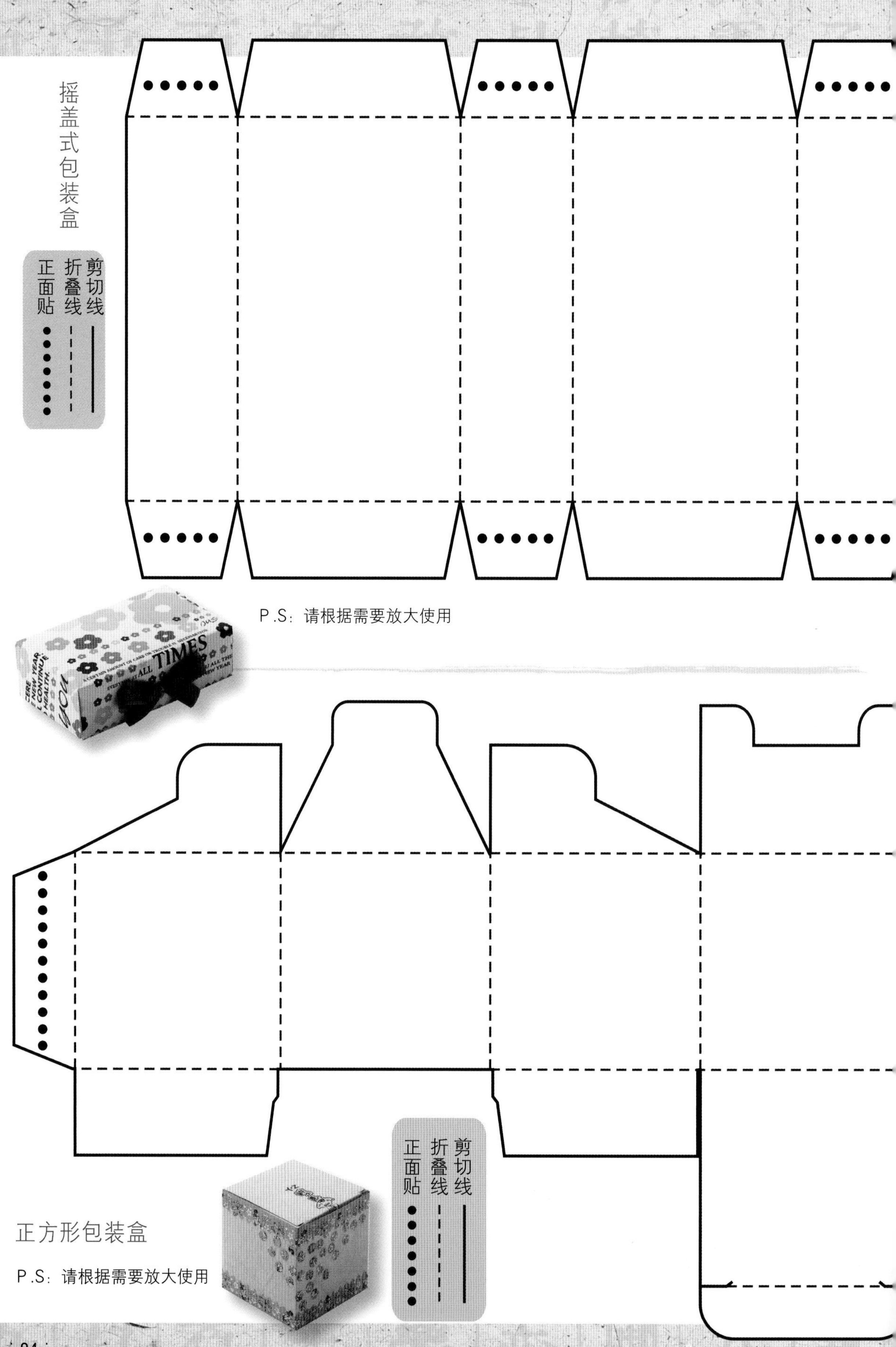
摇盖式包装盒
剪切线
折叠线
正面贴
P.S：请根据需要放大使用
正方形包装盒
P.S：请根据需要放大使用
剪切线
折叠线
正面贴

【植物性油脂的皂化价与INS值】

油脂种类		皂化价		INS值
中文名	英文名	氢氧化钠 NaOH	氢氧化钾 KOH	
椰子油	Coconut Oil	0.19	0.266	258
可可脂	Cocoa Butter Oil	0.137	0.191 8	157
棕榈油	Palm Oil	0.141	0.197 4	145
澳洲胡桃油	Macadamia Oil	0.139	0.194 6	119
乳油木果脂	Shea Butter Oil	0.128	0.179 2	116
植物性白油	Shortening (Veg.) Oil	0.136	0.190 4	115
橄榄油	Olive Oil	0.134	0.187 6	109
椿油	Tsubaki Oil	0.136 2	0.191	108
酪梨油	Avocado Oil	0.133 9	0.187 5	99
甜杏仁油	Sweet Almond Oil	0.136	0.190 4	97
桃仁油	Peach Kernel Oil	0.137	0.192	96
蓖麻油	Castor Oil	0.128 6	0.18	95
榛果油	Hazelnut Oil	0.135 6	0.189 8	94
开心果油	Pistachio Nut Oil	0.132 8	0.186 3	92
蜂蜡、蜜蜡	Beeswax Oil	0.069	0.096 6	84
芝麻油	Sesame Seed Oil	0.133	0.186 2	81
米糠油	Rice Bran Oil	0.128	0.179 2	70
葵花籽油	Sunflower Seed Oil	0.134	0.187 6	63
芥花油	Canola I(org) Oil	0.132 4	0.185 6	56
月见草油	Evening Primrose Oil	0.135 7	0.19	30
夏威夷核果	Kukui Nut Oil	0.135	0.189	24
玫瑰籽油	Rose Hip Seed Oil	0.137 8	0.193	16
黄金荷荷芭油	Jojoba Oil	0.069	0.096 6	11

【各式油脂特性介绍】

油脂	特性
椰子油	富含饱和脂肪酸，渗透性高，氧化速度慢，能长期保存，可以做出清洁力强、泡沫多、颜色白、质地硬的皂
棕榈油	棕榈油含有丰富的棕榈酸及油酸。棕榈油是手工皂必备的油脂之一，可做出对皮肤温和、清洁力强又坚硬、厚实的皂
橄榄油	橄榄油含丰富的维生素、矿物质、蛋白质，具保湿、修护皮肤的功能。制作出的皂，泡沫细小持久，属于软性油脂，多用来制作干性发质适用的洗发皂及婴儿皂，亦可制成防晒油或护发油
葵花籽油	皂化价和橄榄油相似，保湿力强且价格低，葵花油含有80%以上的油酸，氧化安定性良好，属于软性油脂且泡沫低
芥花油	取自于芥菜籽，又称芥菜籽油，含有60%单元不饱和脂肪酸，饱和脂肪酸含量在植物油中最低，高温下安定性较高，但因次亚麻油酸占9%~10%，很容易氧化。用芥花油制作出来的肥皂泡沫稳定而且清爽保湿滋润，但INS值很低，必须配合其他硬油使用
蓖麻油	含缓和及润滑皮肤的功能，特有的蓖麻酸醇对头发和皮肤有特别的柔软作用，所以多用于制作洗发皂。能制造清爽、泡沫多且有透明感的皂，而且能帮助维持精油、香精的香味，也容易溶解于其他油中
米糠油	米糠油含有丰富的维生素E、蛋白质、维生素等物质，与小麦胚芽油很相似，质轻，能吸收紫外线、阻止黑色素的生成，多用于防皱、美白和防晒。它有比较小的分子，以至于比较容易渗透到皮肤中，能供给肌肤水分及营养，还有美白、抑制肌肤细胞老化的功能
杏仁油	杏仁含有丰富的人体必需的脂肪酸及维生素D、维生素E。杏仁油相当轻柔、润滑，是最不油腻的基础油，有与任何植物皆可互补的特性，还能隔离紫外线。常用在化妆品及芳香疗法的基剂里，可以柔软皮肤。
桃仁油	各种肤质皆适用，易吸收，对老化与干燥的肌肤有滋润的功效。常用于保养品制作，在芳疗按摩时可百分之百当作基底油。

续表

油脂	特性
可可脂	可可脂是可可豆中的脂肪物质，从可可豆中提取，是制作巧克力的原料，有股香香的巧克力味道，在常温中可可脂为固体，略带油质。添加于手工皂中可增加手工皂的硬度及耐洗度，对皮肤的覆盖性良好，很滋润，能使肌肤保湿且柔软，是制作冬天保湿皂不可或缺的原料，建议用量是15%以下。对巧克力过敏的人不要使用可可脂
乳油木果脂（雪亚脂）	由非洲乳油木树果实中的果仁所提炼，常态下呈固体奶油状，可用来维持肌肤的健康，具高度保护及滋润的效果。乳油木果脂含有丰富的维生素，可以润泽肌肤、增加发丝光泽及韧性，具有修护、调理、柔软和滋润肌肤的效用。防晒作用佳，可保护并修复受日晒后的肌肤。适用于干燥、敏感、经常日晒及需要温和滋润的肌肤，最适合婴儿及过敏性皮肤的人使用，可以制造较硬且有丰富泡沫的皂。是手工皂的高级素材，做出来的皂质地温和且较硬，建议用量20%以下。当作特脂皂时，用量建议5%~10%
蜜蜡	蜜蜡又称蜂蜡，其性质与油脂类似，蜜蜡加温后不会产生丙烯醛，且曝晒于阳光下或空气中也不会腐坏，可软化、纾缓敏感或干裂肌肤，制皂时加入可以增加香味及硬度，也可以增加皂的保存期，是天然的防腐素材，建议用量不宜超过5%
荷荷芭油	荷荷芭是一种沙漠植物，荷荷芭油是一种液体状的植物蜡，主要成分类似人体皮肤的油脂，是不饱和高级醇和脂肪酸，具良好的渗透性与稳定性，极易与皮肤融合。荷荷芭油含有丰富维生素、矿物质、蛋白质，是最接近皮肤组织中胶原质的植物油，用于按摩可改善皮肤病、风湿、痛风、关节炎，也是最佳的皮肤保湿油，可使皮肤保有水分，增加弹性、光泽，防止老化；用于护发可使头发柔软、光滑，预防头发分叉，也可以调理油性发质，是最佳的头发用油。适合油性肌肤及炎性皮肤如湿疹、干癣、面疱等。有很好的保湿作用，并具抗发炎、抗氧化的功能，能耐强光、高温，是可以长期保存的基础油。荷荷芭油适合各种肤质使用，成品的泡沫稳定，常用来制作洗发皂

【精油功效参考】

功效	精油
舒解压力	佛手柑、洋甘菊、天竺葵、葡萄柚、杜松、薰衣草、柑橘、鼠尾草、檀香木
消除疲劳	罗勒、洋甘菊、葡萄柚、柠檬、薄荷、玫瑰、迷迭香、檀香木
收缩毛孔	佛手柑、天竺葵、杜松、柠檬、苦橙、玫瑰、鼠尾草
预防皱纹	柠檬、苦橙、玫瑰、迷迭香、檀香木、依兰
减肥瘦身	罗勒、葡萄柚、杜松、柠檬、迷迭香
助眠	洋甘菊、薰衣草、柠檬、柑橘、苦橙、玫瑰、檀香木
预防感冒	薰衣草、柠檬、薄荷、迷迭香、茶树
中性肤质	洋甘菊、天竺葵、葡萄柚、薰衣草、柠檬、玫瑰、迷迭香、鼠尾草、檀香木、茶树、依兰
油性肤质	罗勒、佛手柑、洋甘菊、天竺葵、葡萄柚、杜松、薰衣草、柠檬、柑橘、薄荷、 苦橙、迷迭香、鼠尾草、茶树、依兰
干性肤质	天竺葵、葡萄柚、薰衣草、柠檬、玫瑰、迷迭香、檀香木、茶树、依兰

※贴心提醒：

以上信息仅供参考，由于每人肤质各有不同，若成皂使用后有不适症状应立即停用，并咨询专业皮肤科医生。